青海省科学技术学术著作出版资金资助出版

三江源国家公园
生态气候变化监测评估

李红梅 等◎著

气象出版社
China Meteorological Press

内 容 简 介

本书详细阐述了三江源及其黄河源园区、长江源园区、澜沧江源园区气候变化特征,及其对典型生态系统(水资源、冰冻圈、草地植被和生态系统)的影响,并基于未来温室气体不同排放情景下气候变化趋势,预估了典型生态系统未来可能变化趋势等,结合三江源区生态战略定位和发展规划等,提出了适应气候变化的对策建议。本书对扎实推进生态文明建设、积极应对气候变化以及保障生态环境安全等具有一定的科学价值和现实意义。本书可供气候变化相关领域的科技人员和广大读者使用。

图书在版编目(CIP)数据

三江源国家公园生态气候变化监测评估 / 李红梅等
著. -- 北京 : 气象出版社, 2024. 9. -- ISBN 978-7
-5029-8290-4

Ⅰ. S759. 992. 44

中国国家版本馆 CIP 数据核字第 202424ZM28 号

三江源国家公园生态气候变化监测评估
Sanjiangyuan Guojia Gongyuan Shengtai Qihou Bianhua Jiance Pinggu

出版发行:气象出版社

地　　址:北京市海淀区中关村南大街 46 号　**邮政编码:**100081

电　　话:010-68407112(总编室)　010-68408042(发行部)

网　　址:http://www.qxcbs.com　　**E - m a i l:**qxcbs@cma.gov.cn

责任编辑:黄红丽　隋珂珂　　　　　　**终　审:**张　斌

责任校对:张硕杰　　　　　　　　　　**责任技编:**赵相宁

封面设计:艺点设计

印　　刷:北京建宏印刷有限公司

开　　本:710 mm×1000 mm　1/16　　**印　　张:**7.25

字　　数:150 千字

版　　次:2024 年 9 月第 1 版　　　　　**印　　次:**2024 年 9 月第 1 次印刷

定　　价:66.00 元

本书撰写组

李红梅	罗斯琼	胡亚男	余　迪
冯晓莉	段丽君	张　璐	李万志
祁门紫仪	曹晓云	王秀英	朱生翠
任　磊	郭春晔	李　明	严继云
文生祥	席丽媛	李姝彬	

前　言

　　青海三江源地区（31°39′—36°12′N，89°45′—102°23′E）位于青藏高原腹地，总面积约为 30.25 万 km²，平均海拔 3500～4800 m。该地区地形复杂，地势总体呈西北高、东南低的态势，昆仑山脉、唐古拉山脉、巴颜喀拉山、可可西里山横贯其间，这些山脉平均海拔 5000 m 以上，高大山脉的雪线以上分布有终年不化的积雪，雪山冰川广布，是中国冰川集中分布地之一。长江、黄河、澜沧江均发源于此，且沼泽湿地、湖泊水体密布，是中国乃至东亚江河的重要水源涵养区，被誉为"江河源""中华水塔"，冰雪融水是重要的补给方式。三江源地区是典型的高原大陆性气候，冷热两季交替、干湿两季分明，年温差小、日温差大，日照时间长、辐射强烈，四季区分不明显。整个源区下垫面类型丰富多样，主要有高寒草甸、高寒草原、高寒荒漠、山地草甸、沼泽化草甸和温性草原等，是重要的生态屏障和生态调节区。

　　三江源作为青藏高原的主体部分，在调节气候、水源涵养与水土保持、生物多样性保护等方面发挥着不可替代的作用。在气候不断变暖背景下，该区域气候特征发生显著变化，对水资源、冰冻圈、草地植被生态系统等敏感领域产生重要影响，同时对新形势下如何科学合理地应对气候变化提出了新的挑战。本书揭示了三江源国家公园最新的气候变化事实，给出了极端天气气候事件的变化趋势及各区域风险的高低；重点研究了水资源、冰冻圈、草地植被等敏感领域对气候变化的响应特征；并针对不同区域、不同领域提出了对策建议，对推动三江源国家公园科学应对气候变化、推进生态文明建设、促进生态环境保护等具有重要科学价值和现实意义。

　　本书所用的数据主要来源于青海省 50 个气象台站 1961 年以来的观测数据、2000 年以来的地面生态监测资料和遥感监测资料等，主要编写内容是综合了多个科研项目的研究成果，给出了众多具有指导意义的研究结论，是一部系统反映三江源国家公园气候变化领域最新研究成果的学术著作。与国家级、区域级等气候变化相关书籍相比，本书在时间、空间尺度上更为精细，成果更具有系统性和针对性，大部分数据资料采用青海省第一手观测资料，更为翔实，提出的学术观点和相关的对策建议等符合青海未来发展规划的实际，具有较高的应用价值和技术支撑作用。

　　《三江源国家公园生态气候变化监测评估》共分 4 章。第 1 章气候变化事实由李红梅、段丽君、祁门紫仪、任磊撰写。第 2 章气候变化对三江源水资源的影响特征由李红梅、余迪、张璐和李万志撰写。第 3 章气候变化对三江源冰冻圈的影响特征由李红梅、罗斯琼、冯晓莉、段丽君、郭春晖、严继云、文生祥撰写。第 4 章气候变化对三江源草地植被的影响特征由李红梅、罗斯琼、胡亚男、曹晓云、王秀英、朱生翠、李明、席丽媛、李姝彬撰写。

本书出版得到青海省科学技术学术著作出版资金、国家自然科学基金项目（U20A2081）、中国气象局创新发展专项项目（CXFZ2024J042）、青海省温室气体及碳中和重点实验室共同资助。

由于作者水平有限，书中难免有不妥之处，希望读者批评指正。

作者

2023 年 9 月

目　录

第1章 气候变化事实

1.1 青藏高原气候变化基本特征

1.1.1 气温变化特征

1961—2020 年青藏高原年平均气温 4.6 ℃,呈显著上升趋势,升温率 0.34 ℃/ 10 a,超过同期全球平均值的两倍,高于全国平均水平。近 60 a,青藏高原年平均气温升高 2.0 ℃,在柴达木盆地和西藏西部表现尤为明显(图 1.1a、1.1b)。

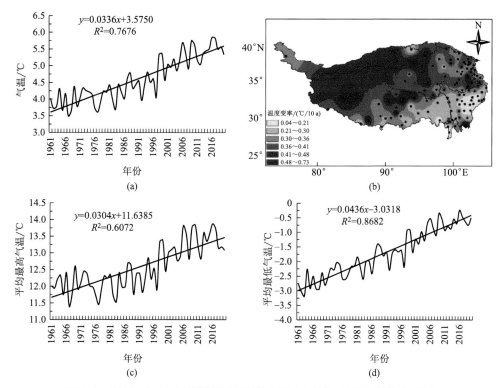

图 1.1 1961—2020 年青藏高原年平均气温(a)变化、变率空间分布(b)和年平均最高气温(c)、年平均最低气温(d)变化

近 60 a 青藏高原最高气温升温率(0.30 ℃/10 a)小于最低气温升温率(0.44 ℃/10 a)。冬季升温最明显(0.49 ℃/10 a),春季升温率最小(0.24 ℃/10 a)(图 1.1c、1.1d)。

1.1.2 降水量变化特征

近 60 a,青藏高原年平均降水量为 497.3 mm,总体呈增多趋势,平均每 10 a 增多 7.1 mm。各地降水量变化趋势差异较大,柴达木盆地东部、四川西部等增多明显(图 1.2)。

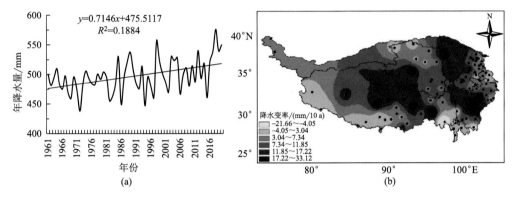

图 1.2 1961—2020 年青藏高原年平均降水量变化(a)和年降水量变率空间分布(b)

1.1.3 年平均风速和日照时数变化特征

1969 年以来,青藏高原年平均风速整体呈减小趋势,平均每 10 a 减小 0.14 m/s,但 2003 年以来,年平均风速改变持续减小的趋势,平均风速呈阶段性增加(图 1.3a)。1961 年以来青藏高原年日照时数平均为 2534.7 h,总体呈微弱减少趋势,平均每 10 a 减少 7.1 h(图 1.3b)。

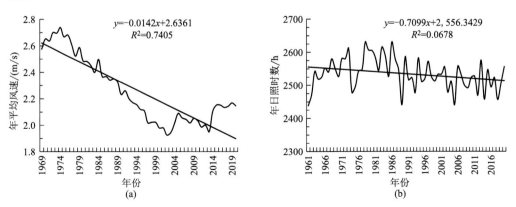

图 1.3 1961—2020 年青藏高原年平均风速(a)、日照时数(b)变化

1.1.4 极端天气气候变化特征

　　1961 年以来，青藏高原强降水量和中雨日数呈增加趋势，尤其是近 10 a，强降水量迅速增多，较常年值（1991—2020 年平均）增加 11.7%，中雨日数增多，较常年值增加 1.4 d（图 1.4）。

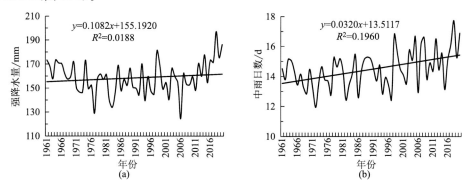

图 1.4　1961—2020 年青藏高原强降水量（a）、中雨日数（b）变化

　　近 60 a，青藏高原平均大风、冰雹、沙尘暴日数分别为 37 d、7 d 和 2 d，均呈减少趋势，平均每 10 a 减少 8 d、2 d 和 1 d（图 1.5）。

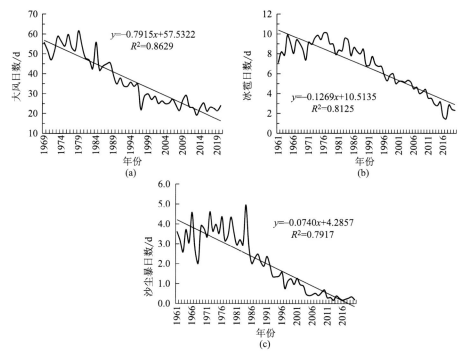

图 1.5　1961—2020 年青藏高原年大风日数（a）、冰雹日数（b）和沙尘暴日数（c）变化
（大风日数因更换仪器，统计数据从 1969 年开始）

1.2 青海省气候变化基本特征

1.2.1 气温变化特征

1961—2019 年青海省年平均气温 2.2 ℃，总体呈升高趋势，升温率为 0.38 ℃/10 a(图 1.6a)，尤其是进入 21 世纪以来增温幅度较大，与 1961—2000 年平均值相比，2001—2019 年年平均气温升高 1.3 ℃。各地呈一致的升温趋势，青海西北部升温幅度较大，东南部升温幅度相对较小(图 1.6b)。其中格尔木和黄南州升温率最大，为 0.43 ℃/10 a，海南州升温相对较小，为 0.32 ℃/10 a。

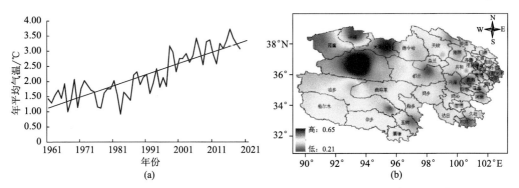

图 1.6 1961—2019 年青海省年平均气温变化(a)、年平均气温变率空间分布
(单位：℃、℃/10 a)

1961—2019 年，青海省年平均最高气温、最低气温分别为 10.27 ℃和−4.33 ℃，均呈升高趋势，升温率分别为 0.33 ℃/10 a 和 0.49 ℃/10 a。年平均最高和最低气温呈明显的不对称变化，最低气温的升温率大于最高气温的升温率(图 1.7a、图 1.7c)。

年平均最高气温在柴达木盆地中部及三江源区中东部升温幅度明显，其中甘德升温率最大，为 0.54 ℃/10 a，平安次之，为 0.53 ℃/10 a(图 1.7b)。年平均最低气温在柴达木盆地西部和三江源西部升温率较大，其中茫崖升温率最高，达 0.80 ℃/10 a(图 1.7d)。

1.2.2 降水量变化特征

1961—2019 年，青海省年平均降水量为 372.2 mm，呈增多趋势，平均每 10 a 增多 9.2 mm(图 1.8a)，2018 年为近 59 a 降水量最大值(484.2 mm)。从空间变率分析，柴达木盆地东部、祁连山区和三江源大部分地区降水量增加趋势明显，其中乌兰

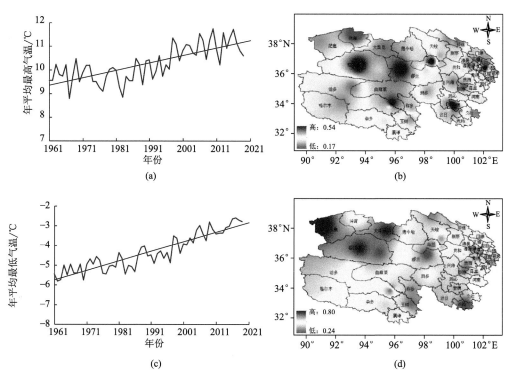

图 1.7　1961—2019 年青海省年平均最高气温变化(a)、年平均最高气温变率空间分布(b)、
年平均最低气温变化(c)和年平均最低气温变率空间分布(d)（单位：℃、℃/10 a）

降水量增幅最大，为 26.4 mm/10 a；柴达木盆地西部、青海东部边缘地区年降水量呈
减少趋势，其中互助减幅最大，为 9.3 mm/10 a(图 1.8b)。

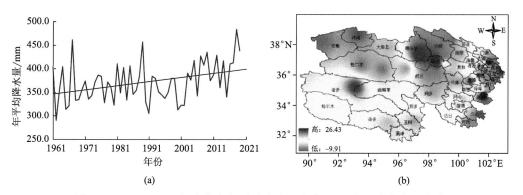

图 1.8　1961—2019 年青海省年平均降水量变化(a)和年平均降水量变率
空间分布(b)（单位：mm、mm/10 a）

1.2.3 年平均风速变化特征

1969—2019 年青海省年平均风速为 2.33 m/s,呈明显减小趋势,减小率为 0.16 m/(s·10 a)。20 世纪 60 年代至 90 年代平均风速持续减小,进入 21 世纪年平均风速略有上升(图 1.9a)。从空间变率分析来看,柴达木盆地年平均风速减小明显,其中茫崖减小幅度最大,平均每 10 a 减小 0.58 m/s(图 1.9b)。

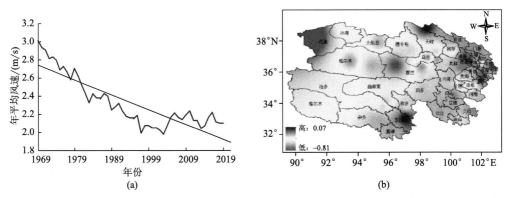

图 1.9 1969—2019 年青海省年平均风速变化(a)和年平均风速变率空间
分布(b)(单位:m/s;m/(s·10 a))

1.2.4 极端天气气候变化特征

采用由 WMO(世界气象组织)气候委员会等组织联合成立的气候变化监测和指标专家组定义的极端天气气候指数标准,分析极端温度指数和极端降水指数,主要包括暖昼日数、冷夜日数、霜冻日数、冰封日数、中雨日数、强降水量、持续干期。

1.2.4.1 极端气温指数

1961—2019 年青海省暖昼日数呈显著增加趋势(图 1.10a),平均每 10 a 增加 6.4 d。进入 21 世纪以来暖昼日数迅速增多,2010 年达到最大值 71 d。与极端气温暖指数变化趋势相反,极端气温冷指数包括冷夜日数(图 1.10b)、霜冻日数(图 1.10c)、冰封日数(图 1.10d)呈显著减少趋势,均通过显著性水平 0.01 的检验,平均每 10 a 分别减少 8.4 d、4.2 d 和 6.5 d。从长期变化曲线可以看出,大致从 2003 年开始冷夜日数、霜冻日数、冰封日数均维持较短的天数,2003 年前后两个时段分别相差 13.6 d、13.7 d、7.3 d。

1961—2019 年青海各市(州)暖昼日数均呈增多趋势,其中西宁增多最明显,平均每 10 a 增多 7.1 d,海北州增多最少,平均每 10 a 增多 5.1 d。从气象站点变化来看,大通、互助、甘德、班玛及茫崖、诺木洪、乌兰等地增加明显,平均每 10 a 增加达 8.4～11.8 d,五道梁、沱沱河、河南、久治、祁连、天峻增加幅度较小,平均每 10 a 增加 4.0 d 以下(图 1.11a)。

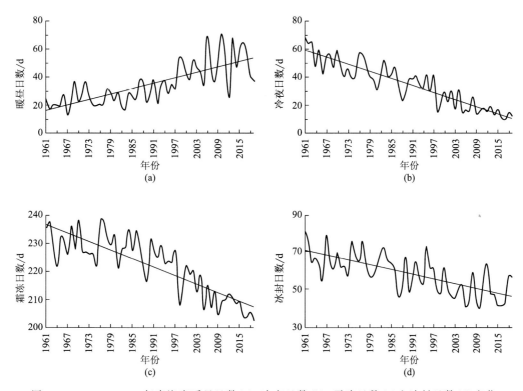

图 1.10 1961—2019 年青海省暖昼日数(a)、冷夜日数(b)、霜冻日数(c)和冰封日数(d)变化

1961—2019 年青海各市(州)冷夜日数均呈减少趋势,其中海西减少最明显,平均每 10 a 减少 12.2 d,玉树、果洛变化幅度相对较小,平均每 10 a 减少 7.4 d。从气象站点变化来看,茫崖、格尔木、德令哈减少最明显,平均每 10 a 减少幅度为 16~19.8 d,而玉树、称多、曲麻莱平均每 10 a 减少 5.9 d 以内(图 1.11b)。

1961—2019 年青海各市(州)霜冻日数均呈减少趋势,其中海西州减少最明显,平均每 10 a 减少 6.5 d。从气象站点变化来看,甘德、同德及海晏、茫崖减少最明显,平均每 10 a 减少 10.2~26.3 d,而西宁、贵南、都兰、化隆等地减少幅度相对较小,平均每 10 a 减少 3.3 d 以内(图 1.11c)。

1961—2019 年青海各市(州)冰封日数变化趋势与霜冻日数变化趋势一致,均呈减少趋势,其中玉树州减少最明显,平均每 10 a 减少 5.4 d,黄南州减少幅度最小,平均每 10 a 减少 2.5 d。从气象站点变化分析,海晏、甘德、治多、曲麻莱等地减少最明显,平均每 10 a 减少 9.2~11.2 d,在循化、乐都、民和、贵德、玉树略有增加,平均每 10 a 增加 4.7 d 以内(图 1.11d)。

1.2.4.2 极端降水指数

1961—2019 年青海省中雨日数(图 1.12a)和强降水量(图 1.12b)总体呈增加趋势,平均每 10 a 分别增加 0.5 d 和 8.3 mm。持续干期总体呈显著减少趋势,平均每

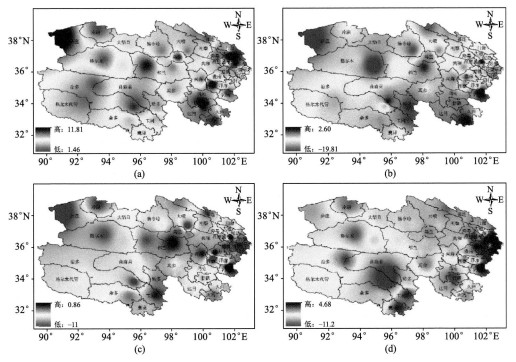

图 1.11　1961—2019 年青海省暖昼日数(a)、冷夜日数(b)、霜冻日数(c)和
冰封日数(d)变率空间分布(单位：d/10 a)

10 a 减少 1.6 d(图 1.12c)。

1961—2019 年中雨日数在果洛最多、其次为西宁，分别为 13.9 d、13.6 d，海西最少为 3.4 d。青海各市(州)中雨日数均呈增多趋势，其中海北增多最明显，平均每 10 a 增多 0.94 d。从气象站点变化分析，平安、乌兰、贵南、海晏、德令哈增多明显，平均每 10 a 增加 1 d 以上，其中平安增加最明显，为 2.8 d。班玛减少最明显，平均每 10 a 减少 0.7 d(图 1.13a)。

强降水量在果洛最多、其次为西宁，分别为 298.3 mm、258.6 mm，海西最少为 75.3 mm，青海除海东呈减少趋势外(2.5 mm/10 a)，其他地区均呈增多趋势，其中海北增多最明显，平均每 10 a 增多 11.0 mm。从气象站点变化来看，刚察、五道梁、德令哈、天峻平均每 10 a 增加 15.3 mm 以上，其中刚察增多最多为 17.6 mm，甘德、班玛、互助强降水量呈减少趋势，平均每 10 a 减少 7.2～10.1 mm，其中甘德减少最明显(图 1.13b)。

持续干期在海西最长为 103.8 d，果洛最少为 49.1 d，青海各市(州)持续干期均呈减少趋势，其中海西减少最明显，平均每 10 a 减少 3.2 d。从气象站点变化分析，乌兰、小灶火减少最明显，平均每 10 a 分别减少 7.9 d、7.6 d，大通、平安增加明显，平均每 10 a 增加 2.0 d、3.6 d(图 1.13c)。

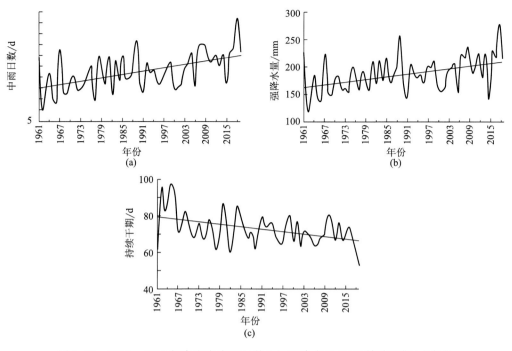

图 1.12 1961—2019 年青海省中雨日数(a)、强降水量(b)和持续干期(c)变化

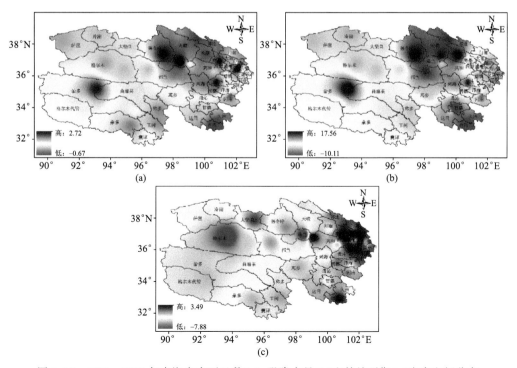

图 1.13 1961—2019 年青海省中雨日数(a)、强降水量(b)和持续干期(c)变率空间分布
(单位:d/10 a、mm/10 a、d/10 a)

1.3 三江源国家公园气候变化特征

1.3.1 气温变化特征

1.3.1.1 年平均气温

（1）三江源区年平均气温

1961—2021 三江源区年平均气温为 1.0 ℃，呈显著增温趋势，平均每 10 a 升高 0.33 ℃。1998 年以来增温趋势明显增强，1961—1997 年升温率为 0.09 ℃/10 a，1998—2021 年升温率增加为 0.32 ℃/10 a，1997 年前后两个时期平均气温升高了 1.25 ℃。2021 年三江源平均气温为 2.1 ℃，较常年值偏高 0.6 ℃（图 1.14a）。

三江源区各地年平均气温变率在 0.20～0.48 ℃/10 a 之间，其中治多、泽库等地升温率较大，在 0.43 ℃/10 a 以上，而贵南、玉树等地升温率相对较小，在 0.30 ℃/10 a 以下（图 1.14b）。

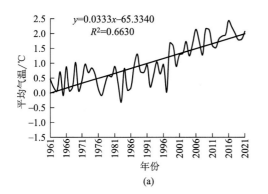
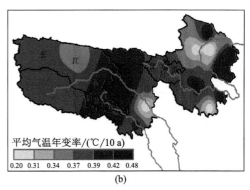

图 1.14　1961—2021 年三江源区年平均气温变化（a）和变率空间分布（b）

（2）各园区年平均气温

近 61 a，黄河源园区和澜沧江源园区年平均气温升温率较大，分别为 0.40 ℃/10 a 和 0.38 ℃/10 a，长江源园区相对较低，为 0.35 ℃/10 a。与历年相比，2021 年黄河源园区、长江源园区和澜沧江源园区年平均气温偏高 0.7 ℃、0.6 ℃和 0.9 ℃（图 1.15a、b、c）。

（3）四季平均气温变化

1961—2021 年，三江源区冬季平均气温升温率最高（0.51 ℃/10 a），秋季和夏季次之（0.44 ℃/10 a、0.33 ℃/10 a），春季增温幅度最小（0.23 ℃/10 a）。黄河源园区冬季平均气温升温率最大，达 0.63 ℃/10 a，春季升温率最小为 0.22 ℃/10 a（表 1.1）。

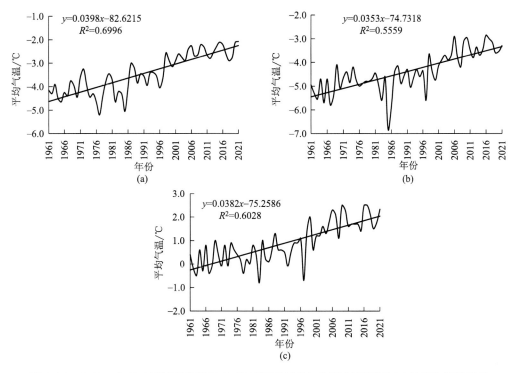

图 1.15　1961—2021 年黄河源园区(a)、长江源园区(b)、澜沧江源园区(c)年平均气温变化

表 1.1　1961—2021 年三江源国家公园平均气温季节变化

地区	春季		夏季		秋季		冬季	
	平均值/℃	变率/(℃/10 a)	平均值/℃	变率/(℃/10 a)	平均值/℃	变率/(℃/10 a)	平均值/℃	变率/(℃/10 a)
三江源全区	−0.8	0.23	8.5	0.33	−0.9	0.44	−11.5	0.51
黄河源园区	−3.0	0.22	6.9	0.29	−3.2	0.42	−14.7	0.63
长江源园区	−4.3	0.24	5.9	0.29	−4.2	0.46	−14.9	0.44
澜沧江源园区	1.1	0.23	10.2	0.32	1.3	0.44	−9.2	0.54

1.3.1.2　年平均最高气温

(1)三江源区年平均最高气温

1961—2021 年,三江源区年平均最高气温为 9.1 ℃,升温率为 0.26 ℃/10 a。1998 年以来最高气温明显升高,1998—2021 年平均较 1961—1997 年平均上升了 1.1 ℃。2021 年三江源区年平均最高气温为 9.9 ℃,较常年值偏高 0.3 ℃(图 1.16a)。

近 61 a 三江源区各地年平均最高气温呈一致的增暖趋势,基本呈中部升温率高、东部和西部升温率相对较低的态势,其中甘德、曲麻莱、清水河等地升温幅度较大,平均每 10 a 升高 0.0.36~0.52 ℃;同德、五道梁、久治等地升温幅度相对较小,在 0.22 ℃/10 a 以下(图 1.16b)。

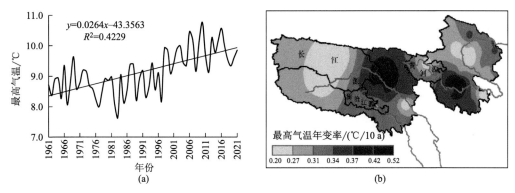

图 1.16　1961—2021 年三江源区年平均最高气温变化(a)和变率空间分布(b)

（2）各园区年平均最高气温

1961—2021 年，黄河源园区、长江源园区和澜沧江源园区年平均最高气温均呈显著升高趋势，升温率分别为 0.25 ℃/10 a、0.23 ℃/10 a 和 0.30 ℃/10 a。由图 1.17 可以看出，1998 年以来三个园区年平均最高气温升高明显，前后两个时段分别

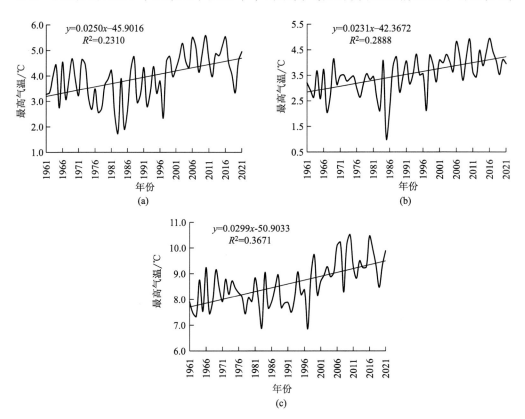

图 1.17　1961—2021 年黄河源园区(a)、长江源园区(b)和澜沧江源园区(c)年平均最高气温变化

相差 1.2 ℃、0.9 ℃和 1.2 ℃。2021 年黄河源园区、长江源园区和澜沧江源园区年平均最高气温分别为 5.0 ℃、4.0 ℃和 9.8 ℃,较常年值分别偏高 0.6 ℃、0.1 ℃和 0.9 ℃。

（3）四季平均最高气温变化

1961—2021 年,三江源区年平均最高气温冬季升温率最高为 0.42 ℃/10 a,秋季和夏季次之(0.35 ℃/10 a、0.29 ℃/10 a),春季增温幅度最小为 0.13 ℃/10 a。各园区中,澜沧江源园区冬季平均最高气温升温率最大为 0.45 ℃/10 a,长江源园区春季平均气温升温率最小为 0.08 ℃/10 a(表 1.2)。

表 1.2　1961—2021 年三江源国家公园平均最高气温季节变化

地区	春季		夏季		秋季		冬季	
	平均值/℃	变率/(℃/10 a)	平均值/℃	变率/(℃/10 a)	平均值/℃	变率/(℃/10 a)	平均值/℃	变率/(℃/10 a)
三江源全区	7.1	0.13	15.4	0.29	7.1	0.35	−2.3	0.42
黄河源园区	4.5	0.19	13.1	0.23	4.0	0.31	−5.8	0.35
长江源园区	3.9	0.08	12.7	0.20	3.6	0.32	−6.0	0.33
澜沧江源园区	8.7	0.09	17.1	0.30	9.2	0.33	−0.7	0.45

1.3.1.3　年平均最低气温

（1）三江源区平均最低气温变化

1961—2021 年,三江源区年平均最低气温平均值为 −5.5 ℃,呈显著升高趋势,平均每 10 a 升高 0.43 ℃,升温率明显高于年平均气温(0.38 ℃/10 a)和年平均最高气温(0.30 ℃/10 a),尤其是 1998 年以来年平均最低气温快速升高,1998—2021 年平均较 1961—1997 年平均升高了 1.5 ℃。2021 年三江源区年平均最低气温为 −4.6 ℃,较常年值偏高 0.3 ℃(图 1.18a)。

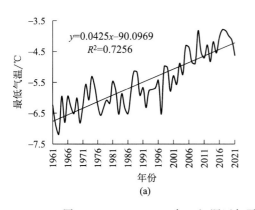
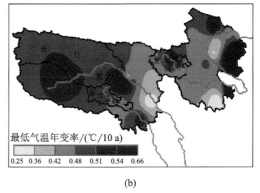

图 1.18　1961—2021 年三江源区年平均最低气温变化(a)和变率空间分布(b)

1961—2021 年,三江源区各地年平均最低气温呈一致的升高趋势,平均每 10 a 升高 0.25～0.66 ℃,其中治多、泽库升温率最大,在 0.61～0.66 ℃/10 a,班玛、玉树等地升温率相对较小,在 0.30 ℃/10 a 以下(图 1.18b)。

(2)各园区平均最低气温变化

1961—2021 年,黄河源园区、长江源园区和澜沧江源园区年平均最低气温均呈显著升高趋势,升温率分别为 0.52 ℃/10 a、0.50 ℃/10 a 和 0.43 ℃/10 a。2021 年平均最低气温分别为 −8.1 ℃、−9.7 ℃和 −4.2 ℃,较常年值分别偏高 0.5 ℃、0.4 ℃和 0.3 ℃(图 1.19)。

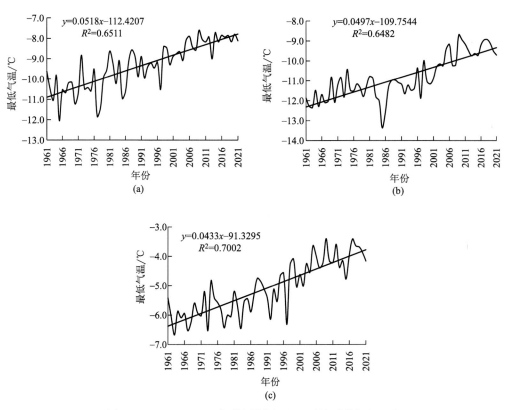

图 1.19　1961—2021 年黄河源园区(a)、长江源园区(b)和
澜沧江源园区(c)年平均最低气温变化

(3)四季平均最低气温变化

三江源区冬季平均最低气温升高最明显,为 0.56 ℃/10 a,春季次之,为 0.47 ℃/10 a,夏季增温幅度最小,为 0.09 ℃/10 a。各园区中,黄河源园区区冬季平均最低气温升温率最大,为 0.64 ℃/10 a,长江源园区夏季升温率最小,为 0.11 ℃/10 a(表 1.3)。

表 1.3　1961—2021 年三江源国家公园平均最低气温季节变化

地区	春		夏		秋		冬	
	平均值/℃	变率/(℃/10 a)	平均值/℃	变率/(℃/10 a)	平均值/℃	变率/(℃/10 a)	平均值/℃	变率/(℃/10 a)
三江源区	−8.38	0.47	−7.70	0.09	−7.07	0.31	−19.07	0.56
黄河源园区	−10.37	0.65	−9.42	0.17	−8.75	0.30	−21.87	0.64
长江源园区	−11.68	0.53	−10.96	0.11	−10.32	0.32	−22.37	0.54
澜沧江源园区	−5.82	0.42	−5.37	0.13	−4.54	0.30	−16.11	0.58

1.3.2　年降水量变化特征

1.3.2.1　三江源区年降水量变化

1961—2021 年,三江源区平均年降水量为 457.8 mm,呈略微增多趋势,平均每 10 a 增加 9.8 mm。年降水量的阶段性变化明显,20 世纪 60—80 年代降水量呈增多趋势,90 年代明显减少,进入 21 世纪后,降水量明显增加。与 1961—2002 年平均值 (441.7 mm)相比,2003—2021 年平均降水量增加了 11.7%。2021 年三江源区降水量为 441.4 mm,较常年偏少 5.6%(图 1.20a)。

三江源区各地年降水量变化趋势差异较大,五道梁、贵南等地年降水量增加明显,平均每 10 a 增加 17.6 mm 以上,而河南、贵德等地变化趋势不明显或呈减少趋势 (图 1.20b)。

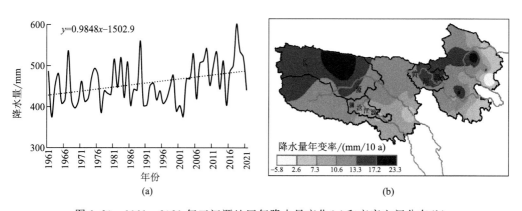

图 1.20　1961—2021 年三江源地区年降水量变化(a)和变率空间分布(b)

1.3.2.2　各园区年降水量变化

1961—2021 年,各园区年降水量均呈增多趋势,长江源园区和黄河源园区变化趋势相对明显,平均每 10 a 增多 17.5 mm 和 15.7 mm,澜沧江源园区增加率相对较小,为 9.5 mm/10 a。2021 年黄河源园区、长江源园区和澜沧江源园区年降水量分别为 353.0 mm、357.2 mm 和 423.9 mm,较常年分别偏多 0.5%、9.9%和减少 21.3% (图 1.21)。

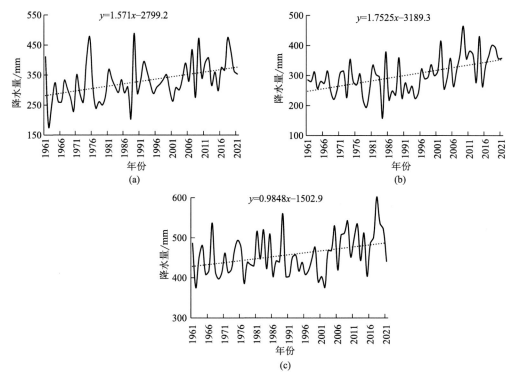

图 1.21　1961—2021 年黄河源园区(a)、长江源园区(b)和澜沧江源园区(c)年降水量变化

1.3.2.3　四季降水量变化

从各园区降水量季节年变率来看,长江源园区夏季降水量增多最明显,增加速率为 11.0 mm/10 a,其他区域和季节降水量变率均在 10.0 mm/10 a 以下,其中澜沧江源园区夏季降水量呈减少趋势,平均每 10 a 减少 0.7 mm(表 1.4)。

表 1.4　1961—2021 年三江源国家公园降水量季节变化

地区	春		夏		秋		冬	
	平均值/mm	变率/(mm/10 a)	平均值/mm	变率/(mm/10 a)	平均值/mm	变率/(mm/10 a)	平均值/mm	变率/(mm/10 a)
三江源区	59.1	6.0	260.9	5.9	91.3	4.0	9.5	0.8
黄河源园区	49.5	4.5	197.2	8.0	71.2	3.2	9.5	0.8
长江源园区	32.3	4.7	205.4	11.0	55.0	3.1	4.0	0.3
澜沧江源园区	74.4	7.0	328.4	−0.7	116.6	0.1	17.1	2.1

1.3.3　年平均风速变化特征

1.3.3.1　三江源区年平均风速

1969—2021 年,三江源区年平均风速为 2.3 m/s,总体呈显著减小趋势,平均每

10 a 减小 0.15 m/s,1997 年为分析时段内最小值(1.89 m/s)。进入 21 世纪后年平均风速略有上升,且变化平稳。2021 年三江源区年平均风速为 1.99 m/s,较常年减小 0.09 m/s(图 1.22a)。

近 53 a,除同仁和玉树地区年平均风速平均每 10 a 增加 0.02~0.05 m/s 外,其余地区均呈减小趋势,减小率平均每 10 a 在 0.02~0.20 m/s,其中同德、贵南、曲麻莱等地减小幅度相对较大(图 1.22b)。

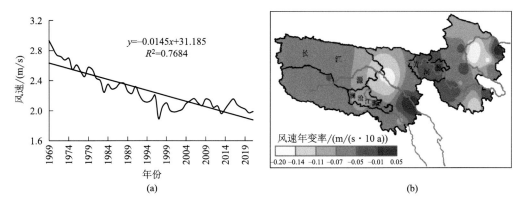

图 1.22 1969—2021 年三江源地区年平均风速变化(a)和变率空间分布(b)

1.3.3.2 各园区年平均风速

1969—2021 年,黄河源园区、长江源园区和澜沧江源园区年平均风速均呈减小趋势,平均每 10 a 分别减小 0.15 m/s、0.24 m/s 和 0.11 m/s。20 世纪 90 年代后期以来,黄河源园区和长江源园区年平均风速略有上升,澜沧江源园区年平均风速上升明显。2021 年黄河源园区、长江源园区年平均风速分别为 2.75 m/s、3.66 m/s,较常年偏小 0.15 m/s 和 0.24 m/s;2021 年澜沧江源园区平均风速为 1.95 m/s,较常年偏大 0.24 m/s(图 1.23)

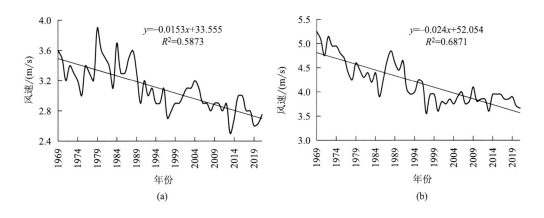

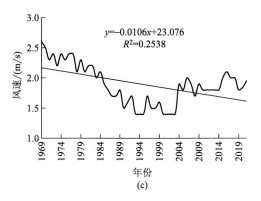

$y=-0.0106x+23.076$
$R^2=0.2538$

(c)

图 1.23　1969—2021 年黄河源园区(a)、长江源园区(b)和澜沧江源园区(c)年平均风速变化

1.3.3.3　四季平均风速变化

1969—2021 年，三江源区四季平均风速均呈减小趋势，冬季和春季减小较明显，平均每 10 a 分别减小 0.10 m/s 和 0.08 m/s。从各园区四季平均风速变率可以看出，澜沧江源园区春季平均风速减小趋势最明显，平均每 10 a 减小 0.14 m/s；黄河源园区春季平均风速增大趋势最明显，平均每 10 a 增加 0.09 m/s(表 1.5)。

表 1.5　1961—2021 年三江源国家公园平均风速季节变化

地区	春		夏		秋		冬	
	平均值/ (m/s)	变率/(m/ (s·10 a))	平均值/ (m/s)	变率/(m/ (s·10 a))	平均值/ (m/s)	变率/(m/ (s·10 a))	平均值/ (m/s)	变率/(m/ (s·10 a))
三江源区	4.92	−0.08	4.85	−0.05	2.18	−0.06	2.70	−0.10
黄河源园区	5.71	0.09	5.84	0.05	2.68	−0.01	2.60	−0.04
长江源园区	7.86	0.01	7.71	0.03	3.46	−0.06	4.86	−0.10
澜沧江源园区	3.58	−0.14	3.51	−0.06	1.72	−0.04	1.97	−0.11

1.3.4　年蒸发量变化特征

1.3.4.1　三江源区年蒸发量变化

1961—2021 年，三江源区年平均蒸发量为 837.9 mm，呈略微增加趋势，增加率为 5.0 mm/10 a。2006 年以来年蒸发量增加趋势明显，但 2021 年蒸发量相对较低，为 827.3 mm，较常年偏少 2.3%(图 1.24a)。

三江源区各地年蒸发量变化趋势差异较大，同仁、同德、尖扎等地年蒸发量增加率较大，变化率在 16.8～20.9 mm/10 a；贵南、班玛等地年蒸发量呈减小趋势，减小率为−18.9～−8.0 mm/10 a(图 1.24b)。

1.3.4.2　各园区年蒸发量变化

1961—2021 年黄河源园区、长江源园区、澜沧江源园区年蒸发量均呈不明显增加趋势，增加率分别为 13.8 mm/10 a、6.7 mm/10 a 和 5.2 mm/10 a。三个园区 2021 年

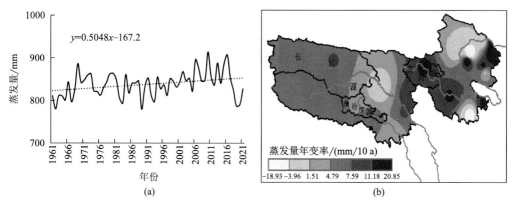

图1.24 1961—2021年三江源区年蒸发量变化(a)和变率空间分布(b)

蒸发量均相对较小,分别为784.6 mm、759.0 mm和851.7 mm,较常年分别偏少3.3%、4.9%和1.8%(图1.25)。

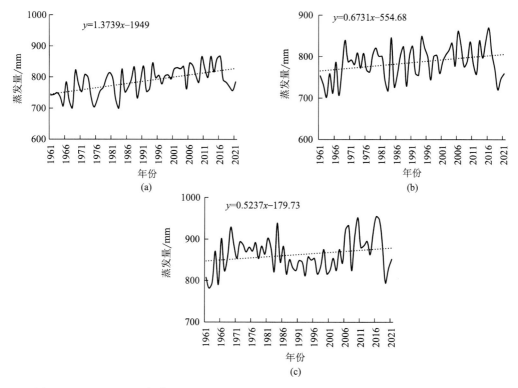

图1.25 1961—2021年黄河源园区(a)、长江源园区(b)和澜沧江源园区(c)年蒸发量变化

从季节变化来看,三江源国家公园四季蒸发量均呈不明显增加趋势,冬季增加相对明显,增加率为6.3 mm/10 a。除澜沧江源园区春季蒸发量呈略微减少外,其余园区四季蒸发量均呈不明显增多趋势,其中黄河源园区冬季蒸发量增加最明显,

为 13.7 mm/10 a(表 1.6)。

表 1.6   1961—2021 年三江源国家公园蒸发量季节变化

地区	春		夏		秋		冬	
	平均值/mm	变率/(mm/10 a)	平均值/mm	变率/(mm/10 a)	平均值/mm	变率/(mm/10 a)	平均值/mm	变率/(mm/10 a)
三江源区	268.0	0.7	357.7	1.1	204.9	1.2	106.0	6.3
黄河源园区	254.9	12.0	357.1	10.0	193.6	11.7	86.0	13.7
长江源园区	249.6	1.0	344.3	0.4	196.0	1.9	100.8	6.7
澜沧江源园区	275.4	−0.9	367.9	2.3	221.4	1.9	113.3	5.2

1.3.5   极端天气气候变化特征

1.3.5.1   极端气候指数变化

（1）冷昼日数

1961—2021 年,三江源区冷昼日数呈显著减少趋势,平均每 10 a 减少 3.4 d。1998 年以来,冷昼日数减少明显,1998—2021 年平均较 1961—1997 年平均减少 14.0 d。2021 年三江源区冷昼日数平均为 22 d,较常年减少 8.4 d(图 1.26a)。

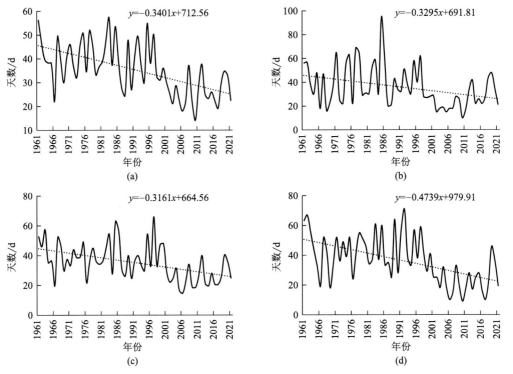

图 1.26   1961—2021 年三江源区(a)、黄河源园区(b)、长江源园区(c)和
澜沧江源园区(d)冷昼日数变化

黄河源园区、长江源园区和澜沧江源园区冷昼日数均呈显著减少趋势,减少率分别为 3.3 d/10 a、3.2 d/10 a 和 4.7 d/10 a。1998—2021 年平均分别较 1961—1997年平均减少 16.8 d、12.6 d 和 20.2 d。2021 年黄河源园区、长江源园和澜沧江源园区冷昼日数分别平均为 21 d、25 d 和 19 d,较常年分别减少 9.2 d、6.5 d 和 11.5 d(图 1.26b、c、d)。

（2）冰封日数

1961—2021 年,三江源区冰封日数呈明显减少趋势,平均每 10 a 减少 2.9 d。1998 年以来,冰封日数显著减少,1998—2021 年平均较 1961—1997 年平均减少12.9 d。2021 年三江源区冰封日数平均为 46 d,较常年减少 8.6 d(图 1.27a)。

黄河源园区、长江源园区和澜沧江源园区冰封日数均呈显著减少趋势,变化率分别为 3.0 d/10 a、3.8 d/10 a 和 5.8 d/10 a。1998—2021 年平均分别较 1961—1997年平均减少 150 d、13.0 d 和 23.3 d。2021 年黄河源园区、长江源园区和澜沧江源园区冰封日数分别平均为 120 d、118 d 和 31 d,较常年分别减少 2.1 d、9.4 d 和 20.6 d(图 1.27b、c、d)。

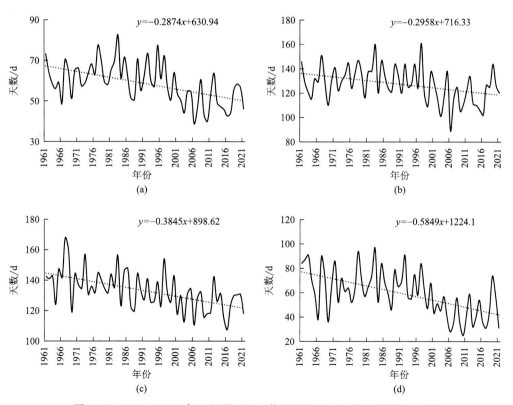

图 1.27　1961—2021 年三江源区(a)、黄河源园区(b)、长江源园区(c)和
澜沧江源园区(d)冰封日数变化

（3）最长持续干期

1961—2021 年，三江源区最长持续干期呈略微减小趋势，平均每 10 a 减少 1.2 d。2021 年三江源区最长持续干期平均为 64 d，较常年增加 5.8 d（图 1.28a）。

黄河源园区、长江源园区和澜沧江源园区最长持续干期均呈略微减少趋势，减小率分别为 1.9 d/10 a、3.0 d/10 a 和 1.6 d/10 a。2021 年黄河源园区最长持续干期为 47 d，较常年减少 9.5 d；长江源园区和澜沧江源园区最长持续干期分别为 89 d 和 69 d，较常年分别增加 2.1 d 和 9.8 d（图 1.28b、c、d）。

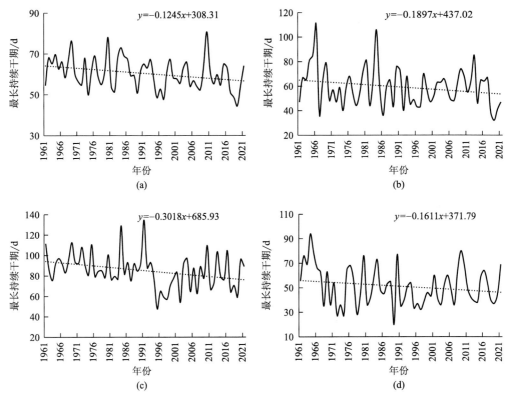

图 1.28　1961—2021 年三江源区（a）、黄河源园区（b）、长江源园区（c）、
澜沧江源园区（d）最长持续干期变化

（4）暴雨日数

1961—2021 年，三江源区合计暴雨日数呈略微增加趋势，平均每 10 a 增加 1.0 d，2016 年以来暴雨日数明显增多，尤其是 2018 年全区合计发生暴雨日数为 48 d，为分析时段内发生日数最多的年份。2021 年三江源区合计暴雨日数为 30 d，较常年增加 11.7 d（图 1.29a）。

黄河源园区、长江源园区和澜沧江源园区暴雨日数总体变化趋势均不明显，但黄河源园区自 2016 年以来明显增多，2016 年暴雨日数最多为 3 次；长江源园区和澜沧江源园区暴雨日数变化较为平稳。2021 年三个园区暴雨日数分别为 2 d、1 d 和 1 d，较常年分别偏多 1.7 d、0.2 d 和 0.4 d(图 1.29b、c、d)。

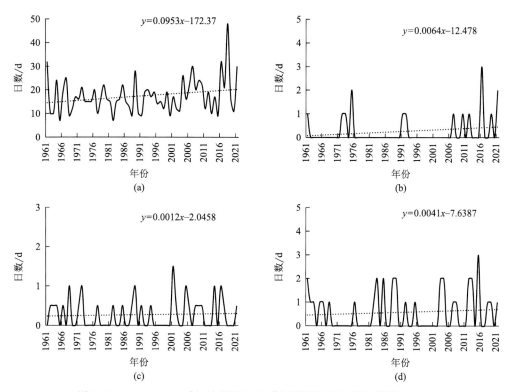

图 1.29　1961—2021 年三江源区(a)、黄河源园区(b)、长江源园区(c)和
澜沧江源园区(d)暴雨日数变化

1.3.5.2　气象灾害

(1)雪灾次数

1961—2021 年,三江源区合计雪灾次数呈略微增加趋势,平均每 10 a 增加 0.9 次,90 年代中期和进入 21 世纪以来雪灾发生次数相对较多。2021 年三江源区共发生 12 次雪灾,较常年偏多 2.8 次(图 1.30a)。

黄河源园区、长江源园区和澜沧江源园区雪灾次数总体均呈不明显增多趋势,但黄河源园区 2009 年以来雪灾发生次数较为频繁。2021 年三个园区雪灾发生次数分别为 1 次、0 次和 1 次(图 1.30b、c、d)。

(2)大风日数

1969—2021 年,三江源区平均大风日数呈明显减少趋势,平均每 10 a 减少 7.6 d,进入 21 世纪以来大风日数减少速率趋缓,1969—2000 年减小率为 9.1 d/10 a,2001—2021 年减小率为 4.8 d/10 a。2021 年三江源区平均大风日数 24.8 d,较常年偏少 15.3 d(图 1.31a)。

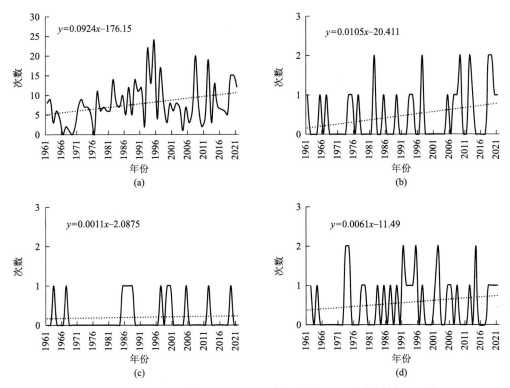

图 1.30　1961—2021 年三江源区(a)、黄河源园区(b)、长江源园区(c)和
澜沧江源园区(d)雪灾次数变化

　　黄河源园区、长江源园区和澜沧江源园区大风日数均呈明显减少趋势,平均每
10 a 分别减少6.4 d、6.4 d 和 14.1 d。黄河源园区和澜沧江源园区进入 21 世纪以来
大风日数略有上升,长江源园区除 20 世纪 80 年代后期至 90 年代前期外,其余时段
大风日数变化较为平稳。2021 年三个园区大风日数分别为 42 d、108 d 和 35 d,较常
年分别偏少 6.3 d、27.4 d 和 2.2 d(图 1.31b、c、d)。

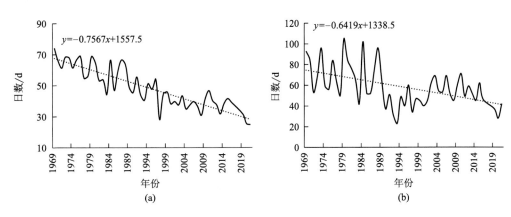

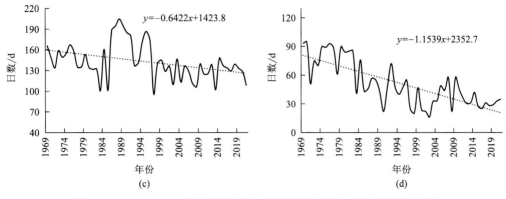

图 1.31 1969—2021 年三江源区(a)、黄河源园区(b)、长江源园区(c)和
澜沧江源园区(d)大风日数变化

（3）冰雹日数

1961—2021 年，三江源区平均冰雹日数呈明显减少趋势，平均每 10 a 减少 1.4 d，进入 20 世纪 90 年代以来冰雹日数迅速减少，1991—2021 年平均冰雹日数较 1961—1990 年平均减少 4.7 d。2021 年三江源区平均冰雹日数为 4.2 d，较常年减少 3.4 d（图 1.32a）。

1961—2021 年，黄河源园区、长江源园区和澜沧江源园区冰雹日数总体均呈减少趋势，平均每 10 a 分别减少 0.4 d、2.1 d 和 3.6 d。2021 年三个园区冰雹日数分别为 6 d、2 d 和 4 d，较常年分别偏少 1.0 d、8.7 d 和 5.4 d（图 1.32b、c、d）。

1.3.6 区域气候变化影响因子

气候变化的主要驱动力来自地球气候系统之外的外强迫因子。自然驱动因子包括太阳活动、火山活动和地球轨道参数等。区域气候变化影响受大气环流和自然驱动因子共同影响，表现为地气之间能量、动量和水分传输的变化。

1.3.6.1 青藏高原高度场

高原地区平均气温与青藏高原高度场呈显著正相关关系，1961—2021 年，青藏高原高度场主要表现为明显的偏高趋势，20 世纪 60—90 年代，青藏高原高度场长期处于偏低的状态，高原易出现低温天气，近 10 a 青藏高原高度场转化为以正距平为主的分布形态，气温升高，其中 2021 年高原高度场强度为 49.18，为近十年以来最高（图 1.33）。

1.3.6.2 冬季北极涛动（AO）指数

北极涛动（the Arctic Oscillation）指数，简称 AO 指数，是指北半球中纬度地区与北极地区气压形势差别的变化。当 AO 处于正位相时，限制极区冷空气向南扩展；当 AO 处于负位相时，冷空气易向南侵袭，造成极端低温。青海高原冬季气温与冬季 AO 指数呈正相关，满足冬季 AO 负（正）位相对应负（正）气温距平。冬季 AO 指数，

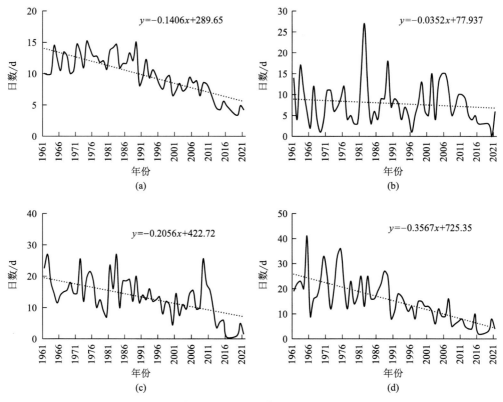

图 1.32 1961—2021 年三江源区(a)、黄河源园区(b)、长江源园区(c)和
澜沧江源园区(d)冰雹日数变化

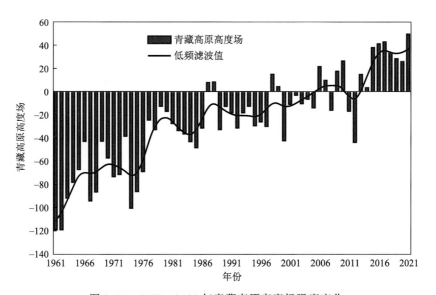

图 1.33 1961—2021 年青藏高原高度场强度变化

20 世纪 90 年代之前以负值为主,之后正值频率明显增加,2010 年为负极值,1989 年为正极值(图 1.34)。

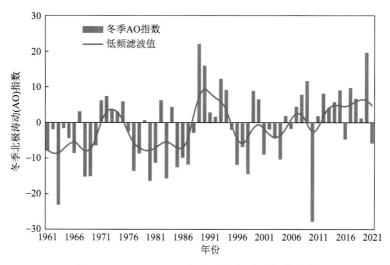

图 1.34　1961—2021 年冬季北极涛动指数变化

1.3.6.3　夏季西太平洋副热带高压脊线位置

西太平洋副热带高压是一个在太平洋上空的永久性高压环流系统,在我国简称西太平洋副高。西太平洋副高对青海省天气、气候有重要影响。西太平洋副高脊线南北位置在青海省夏季月降水预测的信号中表现得最为突出。1961—2021 年,西太平洋副高脊线位置指数存在显著的年际波动,且有 2～4 a 的变化周期。2021 年夏季西太平洋副高脊线位置指数距平为−1.29,即副高位置偏南较明显(图 1.35)。

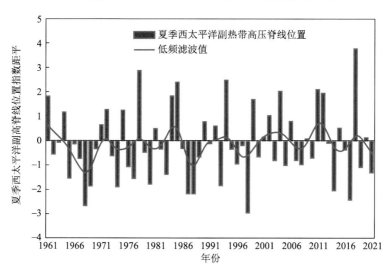

图 1.35　1961—2021 年夏季西太平洋副热带高压脊线位置指数距平变化

1.3.6.4 夏季印缅槽

夏季青藏高原南部降水的发展、演变和减弱与同期 500 hPa 南支槽活动及整层水汽输送有着密切的关系。夏季印缅槽强度持续偏强，槽前来自孟加拉湾西南暖湿气流水汽输送偏强，到达青藏高原南部水汽相应增多，易导致出现降水。1961—2021年，夏季印缅槽指数表现为明显的增强趋势，20 世纪 80 年代之前，夏季印缅槽长期处于偏弱的状态，20 世纪 90 年代至 21 世纪存在显著的年际波动，近 8 a 夏季印缅槽持续偏强，2020 年夏季印缅槽指数达 30.79，为近 60 a 以来最强（图 1.36）。

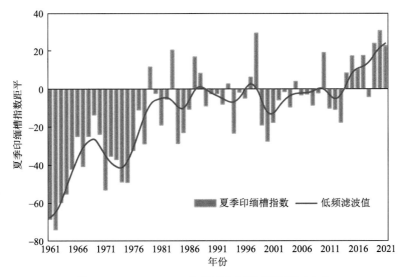

图 1.36　1961—2021 年夏季印缅槽指数距平变化

1.4　未来气候变化预估

1.4.1　基本气候变化预估

在未来低、中、高三种排放情景下，2018—2050 年，三江源区气温将总体呈升高趋势，平均每 10 a 升高 0.23 ℃、0.39 ℃和 0.54 ℃。2018—2050 年三江源区平均气温较气候基准年（1971—2000 年）相比分别升高 1.53 ℃、1.69 ℃和 1.94 ℃（图 1.37a）。三江源区与全球及中国未来的气温变化情景基本相似，都以增温为主要特征，高排放情景下增温效应更加显著。

中等排放情景下，从气温变率空间分布来看，三江源区各地均以增暖趋势为主，幅度介于 0.35～0.42 ℃/10 a，其中玉树、囊谦是增暖最显著的地区，玛多、杂多增温幅度较小（图 1.37b）。

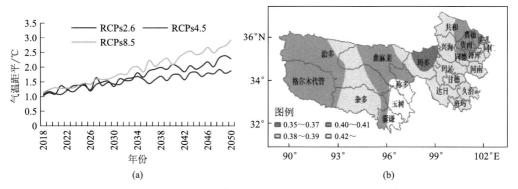

图1.37　三江源区2018—2050年气温距平变化趋势预估(a)、中等排放情景下
气温变率空间分布(b)(单位:℃/10 a)

在低、中、高三种排放情景下,三江源区降水总体呈增多趋势,平均每10 a增加0.10%、1.04%和0.93%。未来年降水以偏多为主,与基准气候年1971—2000年相比分别偏多5.35%、4.74%、6.02%(图1.38a)。

中等排放情景下,降水量变化各地不尽相同,其中贵德、尖扎、泽库、同仁、河南、久治、玉树、清水河及囊谦以减少趋势为主,其余地区降水量增加,增幅介于0.02～20.40 mm/10 a,其中甘德、达日、兴海降水量偏多明显(图1.38b)。

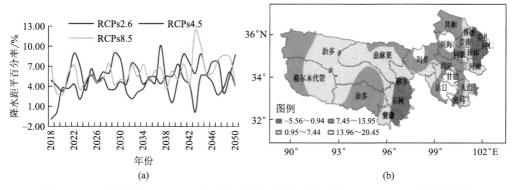

图1.38　三江源区2018—2050年降水距平百分率变化趋势(a)、RCP4.5排放情景下
降水变率空间分布(b)(单位:mm/10 a)

1.4.2　极端气候变化预估

中等排放情景下,2019—2050年暖昼日数呈显著增多趋势,平均每10 a增多4.0 d,尤其是2036年以后,暖昼日数迅速增加,2036—2050年平均暖昼日数比2019—2035年平均增多8.3 d(图1.39a)。冷夜日数(图1.39b)、霜冻日数(图1.39c)、冰封日数(图1.39d)均呈显著减少趋势,平均每10 a分别减少3.6 d、3.1 d和2.8 d。

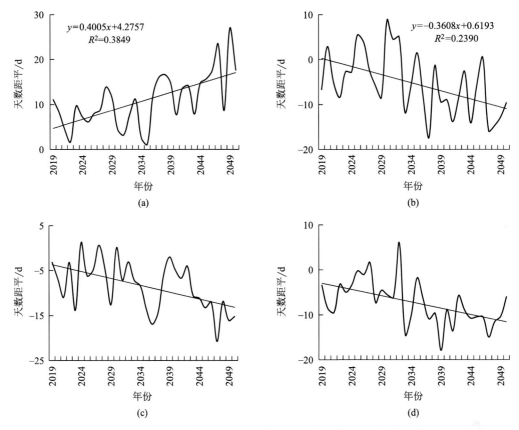

图 1.39　2019—2050 年暖昼日数(a)、冷夜日数(b)、霜冻日数(c)和冰封日数(c)距平变化

　　中等排放情景下,2019—2050 年暖昼日数在三江源区的东部增加最明显,平均每 10 a 增加 5.7～6.7 d,在三江源的中西部治多、称多、玉树等地增加幅度相对较小,平均每 10 a 增加 2.4～3.5 d(图 1.40a)。冷夜日数在三江源区的南部减少较多,平均每 10 a 减少 4.3～6.3 d,在东北部减少天数相对较少,在 2.1 d 以内(图 1.40b)。霜冻日数在五道梁、沱沱河一带减少明显,平均每 10 a 减少在 4.2～5.1 d,称多、玉树、囊谦霜冻日数变化幅度相对较小,减少天数在 2.8 d 以内(图 1.40c)。冰封日数在三江源区西南部减少趋势明显,平均每 10 a 减少 3.3～4.6 d,在共和、兴海等地减少趋势不明显,增减幅度在 0.7 d 以内(图 1.40d)。

　　中等排放情景下,2019—2050 年极端降水指数(中雨日数、强降水量、持续干期)波动较大,总体变化趋势不明显,其中中雨日数和强降水量呈微弱的增多趋势,持续干期呈弱的减少趋势(图 1.41)。

　　中等排放情景下,2019—2050 年中雨日数各地变化趋势均不明显,平均每 10 a 增减幅度在 1.6 d 以内,其中沱沱河、囊谦、曲麻莱、同德、班玛等地呈弱的减少趋势,共和、玛沁等地呈弱的增加趋势(图 1.42a)。强降水量各地变化趋势差异较大,玛多、

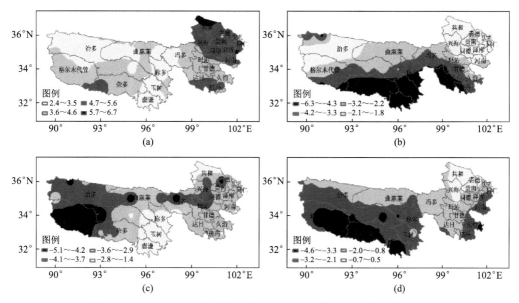

图 1.40 2019—2050 年暖昼日数(a)、冷夜日数(b)、霜冻日数(c)和
冰封日数(d)空间变率分布(单位:d/10 a)

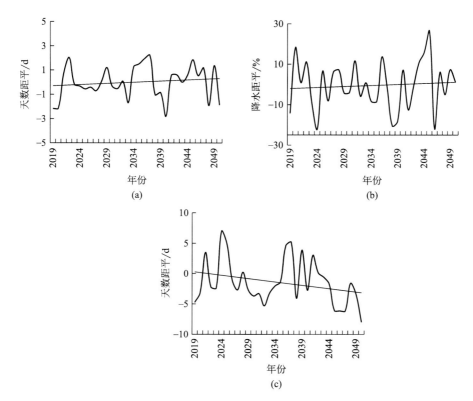

图 1.41 2019—2050 年中雨日数(a)、强降水量(b)和持续干期(c)变化

曲麻莱、治多等地强降水量增加明显,平均每 10 a 增加 10.1~20.6 mm,贵德、尖扎、同仁等地呈减少趋势,平均每 10 a 减少 0.6~11.2 mm(图 1.42b)。持续干期大部分地区呈减小趋势,共和、沱沱河等地减少最明显,平均每 10 a 减少 3.0~5.9 d,玉树、曲麻莱等地呈增加趋势,平均每 10 a 增加 0.1~2.9 d(图 1.42c)。

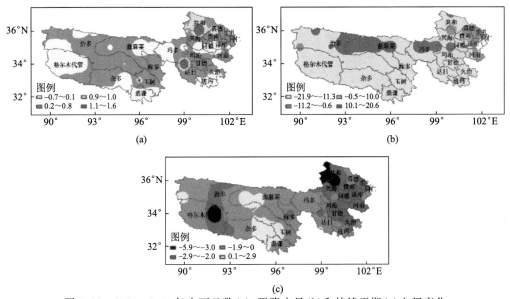

图 1.42　2019—2050 年中雨日数(a)、强降水量(b)和持续干期(c)空间变化

(单位:d/10 a、mm/10 a、d/10 a)

第2章 气候变化对三江源水资源的影响特征

2.1 气候变化对河流流量的影响

2.1.1 气候变化对黄河源区流量的影响

2.1.1.1 年平均流量变化

1961—2021年黄河源区唐乃亥水文站年平均流量654.7 m³/s,总体呈减少趋势,平均每10 a减少6.3 m³/s。黄河源区年平均流量丰、枯交替比较频繁,持续偏丰时段主要出现在20世纪60年代、70年代中期到80年代末,持续偏枯时段出现在60年代末至70年代初、90年代初至21世纪前期,偏枯时段要明显长于偏丰时段。自2003年开始,黄河源区降水量持续增加,流量增多,进入相对偏丰时段,2003—2021年黄河上游平均流量达669.2 m³/s,较1991—2002年增加145.9 m³/s,偏多27.9%,2019年和2020年异常偏多,分别达到982.1 m³/s和1014.4 m³/s(图2.1)。

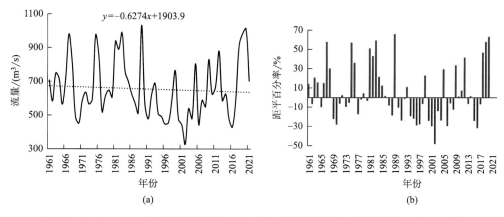

图2.1 1961—2021年黄河源区唐乃亥水文站年平均流量(a)及距平百分率(b)变化

2.1.1.2 四季流量变化

从径流的年内分布来看,冬季气温低、降水稀少且以降雪形式落到地面,对径流没有直接影响,加之冰川融水也极少,黄河唐乃亥水文站冬季径流不足全年径流的10%,以2月径流最小;春季气温回升,冰川融水对源区径流的增长有一定影响,春季径流占全年径流 10％～15％；夏、秋季径流分别占年径流总量的 43％～55％和 29％～34％，以 7 月径流最大，表明降水是源区径流的重要来源。

另外，由于 1993 年后黄河上游 9 月平均流量呈显著减少趋势，使黄河上游月平均流量在转折前后发生了显著变化，月平均流量由转折前的"双峰型"调整为转折后的"单峰型"（图 2.2），即原来出现在 9 月的径流量高峰值消失。

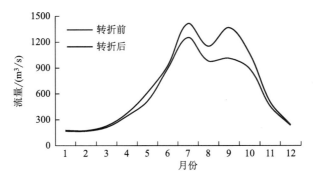

图 2.2　1961—2019 年黄河上游唐乃亥水文站月平均流量 1993 年转折前后的变化

2.1.2　气候变化对长江源区流量的影响

1961—2021 年长江源区直门达水文站年平均流量 434.0 m³/s，总体呈增加趋势，平均每 10 a 增加 24.7 m³/s。年平均流量经历了 1961—1965 年和 2005—2019 年两个增多阶段和 1966—2004 年的减少阶段，减少阶段长达 39 a，增加阶段合计仅为 20 a，流量的偏枯年份远远多于偏丰年份，流量总体呈"小—大—小—大"的变化趋势。进入 21 世纪，降水量的持续增加使得年流量有非常明显的增大态势，2001—2020 年长江源区年平均流量达 508.9 m³/s，较 1961—2000 年增加 114.2 m³/s，偏多 28.9％；尤其是 2011—2021 年增加最为显著，比 2001—2010 年平均多 84.0 m³/s，偏多 21.3％（图 2.3）。

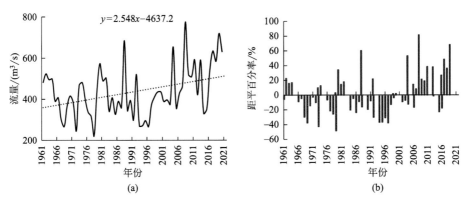

图 2.3　1961—2020 年长江上游直门达水文站年平均流量(a)及距平百分率(b)变化

2.1.3　气候变化对澜沧江源区流量的影响

2.1.3.1　年平均流量变化

1961—2021 年，澜沧江源区年平均流量为 141.9 m^3/s，呈微弱增加趋势，平均每 10 a 增加 1.2 m^3/s，20 世纪 60、70 年代、20 世纪 90 年代初至 21 世纪 00 年代中期流量以偏少为主，20 世纪 80 年代、21 世纪 00 年代中期以来流量以偏多为主，总体呈现"枯—丰—枯—丰"的变化。2005 年年平均流量为历史最多（206.2 m^3/s）（图 2.4）。

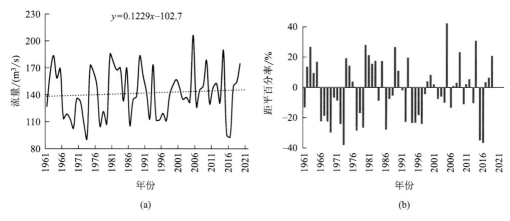

图 2.4　1961—2019 年澜沧江源年平均流量变化趋势（a）及距平百分率变化（b）

2.1.3.2　季节流量变化

1961—2019 年澜沧江源区夏季流量以每 10 a 约 1.2 m^3/s 的速率减少，春、秋、冬季流量分别以每 10 a 约 2.7 m^3/s、1.9 m^3/s、1.6 m^3/s 的速率增加，表明澜沧江源年平均流量增加主要是由春季、秋季和冬季流量增加引起的，其中春季和冬季增加较为显著（图 2.5）。

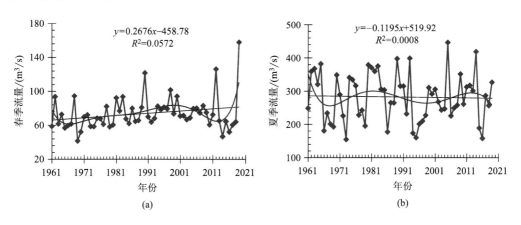

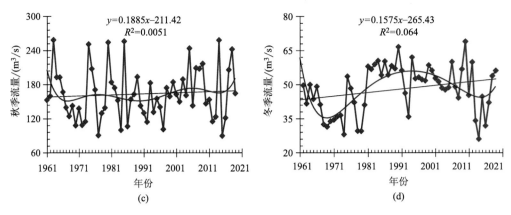

图 2.5　1961—2019 年澜沧江源区四季平均流量变化趋势

2.1.3.3　流量年内分配特征

通过计算澜沧江源区流量集中度和集中期,其年内分配具有一定的不均匀性。从流量年内分配的集中度来看,1961—2019 年流量集中度呈减小趋势,流量集中度的年际变化在 20 世纪 80 年代中后期增大,其中 1986 年和 1994 年最小,2014 年最大,相差近 1 倍(图 2.6a)。就流量集中期而言,澜沧江源流量集中期在 6 月下旬至 8 月上旬之间,大多数年份集中期出现在 7 月中下旬,而且近 59 a 来集中期整体上表现为提前趋势(图 2.6b)。

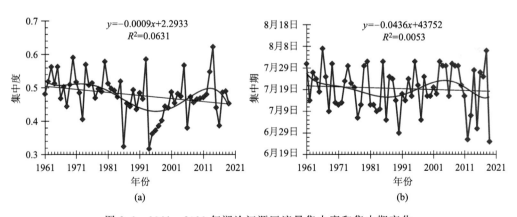

图 2.6　1961—2019 年澜沧江源区流量集中度和集中期变化

2.1.4　未来三江源流量预估及对策建议

2.1.4.1　未来黄河源和长江源流量预估

未来中等排放情景下,2018—2050 年黄河上游年平均径流量呈微弱减少趋势,平均每 10 a 减少 4.1 m³/s。而长江源区径流量可能以增加趋势为主,平均每 10 a 增加 5.6 m³/s。未来 33 年唐乃亥、直门达年平均流量分别为 642.6 m³/s 和 461.3 m³/s,

与历年(1961—2017年平均值)相比,唐乃亥年流量接近常年水平(图2.7a),直门达年流量增加43.8 m³/s(图2.7b)。

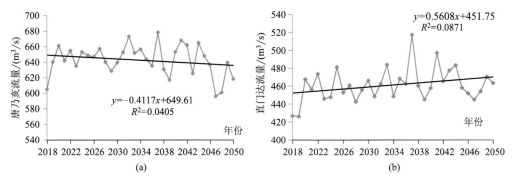

图2.7　2018—2050年黄河上游唐乃亥水文站(a)和长江上游直门达水文站(b)流量变化

2.1.4.2　未来澜沧江源流量预估

中等排放情景下,未来50年澜沧江源区年及四季流量平均分别达到162.6 m³/s、78.7 m³/s、379.7 m³/s、175.4 m³/s、45.5 m³/s,年及春、秋、冬季流量增加速率每10 a分别为0.2 m³/s、0.4 m³/s、1.7 m³/s、1.1 m³/s,夏季流量减少速率每10 a为5.0 m³/s(图2.8)。与历年(1961—2019年平均值)相比,年及春季、夏季、秋季流量

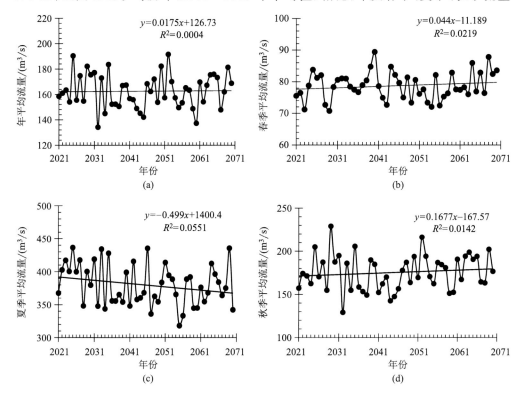

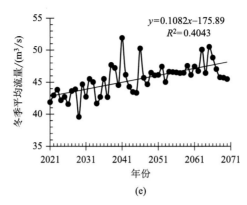

(e)

图 2.8　未来中等排放情景下未来 50 年澜沧江源区年(a)及
四季(b~e)平均流量变化可能的趋势

分别偏多 16％、25％、36％、21％，冬季流量偏少 5％。这不仅说明了气候模式的差异性，同时也表明了未来气候变化的不确定性。

2.1.5　对策建议

未来，随着气候变化向暖湿化发展、冰川积雪融水增多，近期内可能有利于河流流量增加、植被生长等，但从长远来看，随着冰川退缩、积雪融化、冻土消融等固态水资源的减少，三江源区的水源涵养能力将会不断下降，给流域的水资源、生态环境等带来一定风险。及时掌握三江源区的气候环境变化信息，科学决策，合理应对，提高适应气候变化的能力，减小气候变化可能带来的不利影响。

① 构建三江源区生态环境监测网络，着力加强水资源与生态环境保护。提高科技支撑能力，在重要影响区域内建立气候变化数据、信息资源的汇交和共享机制，整合气象、水土保持、土地等行业监测网站，及时准确掌握生态环境变化情况，提高生态系统变化的跟踪监测与科学决策能力。

② 加快建立水资源风险管理应对体系，提高突发性生态灾害事件的预测和预警、风险评估能力。开展源区气候变化对水资源、草地、湿地、荒漠等主要生态系统的影响评估研究，制定水资源综合管理的法律法规建设。

③ 提高生态系统对气候变化的适应能力。在未来气候暖湿化背景下，建议加强源区生态水文、陆-气耦合过程及其相互作用问题研究，保护源区水源涵养能力和水文自我调节能力，促进源区生态系统的稳定、可持续性发展。

④ 发展现代畜牧业。加大保护草地力度，确保草畜平衡在三江源区实施休牧育草，以草定畜。对退化草场进行围栏封育，使牧草得到休养生息。对生态环境恶化较为严重的区域实施禁牧、休牧制度和半舍饲养畜，加速畜群周转，减少草场载畜量，实现草畜平衡，减轻草场压力。加大退牧还草等工程投入力度，推进草地补播改良和退

化草场治理。

⑤加强湿地与河湖生态系统保护。对重点保护区沼泽湿地实施禁牧封育,恢复其水源涵养功能;继续开展人工影响天气作业,增加降水,遏制湿地、冰川、雪山萎缩,稳定江河径流量;搞好水土保持和沟道治理,实施饮用水源地封禁保护,减少水土流失,提高江河水质。

2.2　湖泊面积变化特征

2.2.1　面积大于 10 km² 的湖泊面积变化

统计 1990—2020 年三江源区面积大于 10 km² 的湖泊面积变化,近 30 a 湖泊面积整体呈增加趋势,从 1990 年的 5784.2 km² 增加到 2020 年的 6350.9 km²,共增加566.7 km²,扩张速率为 21.74 km²/a。

阶段性变化明显,其中 1990—2001 年全区湖泊面积呈下降趋势,到 2001 年湖泊面积比 1990 年减少了 531.6 km²,减少 10.1%;2002—2020 年湖泊面积呈不断上升趋势,2020 年比 2001 扩张 1043.82 km²,增加 19.7%(图 2.9)。

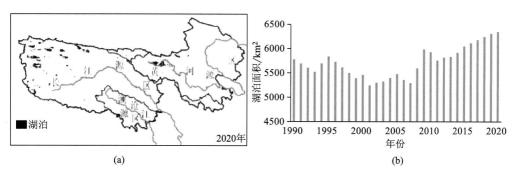

图 2.9　1990—2020 年三江源湖泊分布特征与面积变化
(a)湖泊分布;(b)湖泊面积变化

2.2.2　扎陵湖、鄂陵湖面积变化

鄂陵湖(34°45′—35°05′N,97°31′—97°55′E),又名错鄂朗,意为青蓝色之湖,因湖水清澈蔚蓝得名。鄂陵湖位于青海省果洛藏族自治州玛多县境内,青藏高原巴颜喀拉山北、布青山南的黄河上游宽谷中。湖泊形状为钟形,水位 4268.7 m,长 32.3 km,最大宽度 31.6 km,平均宽度 18.9 km,面积 610.7 km²,最大水深 30.7 m,平均水深17.6 m,蓄水量 107.6 亿 m³。

鄂陵湖集水面积 18188.0 km²,补给系数 29.8。湖水主要依赖地表径流和湖面降水补给,入湖河流有黄河、勒那曲等,其中黄河干流由西至北东向穿湖而过。多年平均年入湖径流量 12.57 亿 m³,最大月径流量出现在 9 月和 10 月,比降水量最大值推迟 1 个月左右,湖面降水量为 1.86 亿 m³,蒸发量为 8.07 亿 m³;年出湖径流量 6.36 亿 m³,水量收支平衡。湖水透明度 2.0~5.0 m,夏季表层水温 9.0~14.0 ℃。1980 年 7 月测得湖水 pH 值为 7.8,湖水矿化度 310.0 mg/L,属于重度碳酸盐钠、镁组 I 型淡水湖。

扎陵湖(34°48′—35°01′ N,97°02′—97°30′ E),又名错加郎,意为灰白色长湖,因湖区风力强,白浪翻滚,故名。扎陵湖跨青海省果洛藏族自治州玛多县和玉树藏族自治州曲麻莱县,位于青藏高原巴颜喀喇山北、布青山以南的黄河上游宽谷中。湖泊呈不对称菱形,水位 4292.0 m,长 35.0 km,最大宽度 21.6 km,平均宽度 15.0 km,面积 526.0 km²,东部较深,最大水深 13.1 m,平均水深 8.9 m,蓄水量为 46.7 亿 m³。

扎陵湖气候、地形、土壤、植被等与鄂陵湖相似。湖水主要依赖地表径流和湖面降水补给,集水面积 8161.0 km²,补给系数 15.5。入湖河流有黄河和卡日曲等,水系特点是支强干弱,右侧支流较多,且源远流长,左侧支流较少,水量不大,其中由 100 多个小湖组成的湖沼湿地(星宿海)亦为重要补给源,出流于东南黄河宽谷,约经 30.0 km 曲折流程,途中汇钠多曲和勒那曲来水,下注鄂陵湖。多年平均年入湖径流量 11.84 亿 m³,湖面降水量 1.6 亿 m³,年出湖径流量 6.49 亿 m³,蒸发量 6.95 亿 m³,水量收支平衡。湖水透明度为 1.0~3.0 m,夏季表层水温为 9.0~14.0 ℃。1980 年 7 月测得湖水 pH 值为 7.7,湖水矿化度 500.0 mg/L,属于重度碳酸盐类钠、钙组 I 型水,且该湖属吞吐型淡水湖。

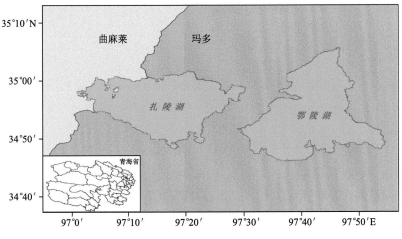

图 2.10　扎陵湖、鄂陵湖位置示意

2.2.2.1　湖泊面积特征分析

2003—2019 年扎陵湖平均面积 553.8 km²,最大面积 572.4 km²(2019 年),最小面积 535.6 km²(2003 年),以 1.3 km²/a 的趋势显著扩张,为扩张型湖泊,从 5 a 滑动平均的分布可以看出,2003—2015 年湖泊为扩张阶段,尤其是 2010 年后扎陵湖扩张较为明显,2016 年出现小幅度萎缩后又持续扩张(图 2.11a)。2003—2019 年鄂陵湖平均面积 662.0 km²,最大面积 693.8 km²(2009 年),最小面积 615.9 km²(2003 年),以 2.2 km²/a 的趋势扩张,为扩张型湖泊,从 5 a 滑动平均的分布可以看出,鄂陵湖面积波动较大,经历了先扩张、后萎缩、再扩张的变化过程,2003—2010 年湖泊为扩张阶段,平均每年扩张 11.2 km²,2011—2015 年为萎缩阶段,平均每年萎缩 8.4 km²,自 2017 年起又开始微弱扩张(图 2.11b)。

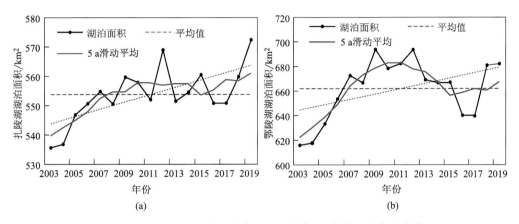

图 2.11　2003—2019 年扎陵湖(a)、鄂陵湖(b)湖泊面积年际变化

2.2.2.2　湖泊遥感监测分析

(1)湖泊面积逐年变化

从 2003—2019 年 MODIS 遥感数据 9 月的监测结果来看,扎陵湖西岸、南岸、东岸及鄂陵湖北岸、西南岸均有随时间变化而出现阶段性萎缩或扩张的情况(图 2.12)。在近 17 a 中,扎陵湖西岸变化趋势呈现为一次连续 5 a 的扩张后,又出现一次先萎缩后扩张的变化,而后又出现一次先扩张后萎缩的变化,至近两年出现持续扩张的现象;南岸在近 3 a 出现略微萎缩后又开始扩张的趋势;东岸在一次连续 2 a 持续的扩张后,接连出现三次先扩张而后萎缩,至近两年开始持续扩张;鄂陵湖北岸在一次连续 3 a 的持续扩张后略微萎缩后又小幅度扩张,保持几年变化不明显后又开始萎缩,至近 3 a 持续扩张;西南岸连续 7 a 持续小幅度扩张后,接连几年变化不明显,后略微萎缩,至近 3 a 出现扩张后又略微萎缩的趋势。由此看出扎陵湖、鄂陵湖在近两年各岸都有扩张的现象,但持续和萎缩的变化没有明显的周期性变化。

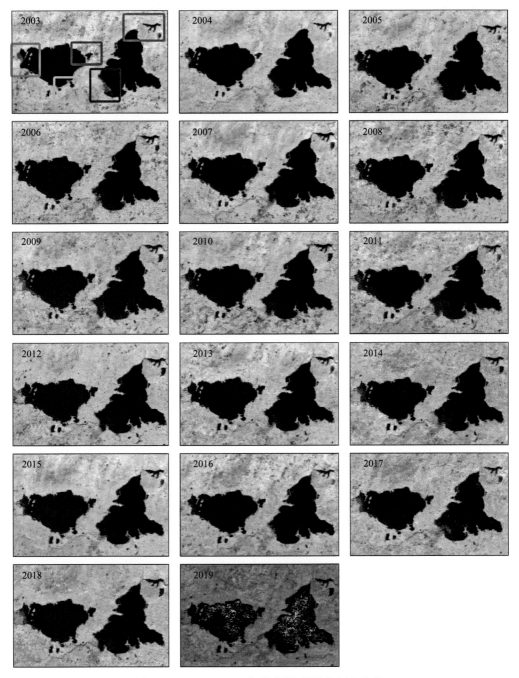

图 2.12 2003—2019 年扎陵湖、鄂陵湖逐年变化

（2）扎陵湖、鄂陵湖典型湖岸变化

将扎陵湖东北岸及鄂陵湖西南岸逐年湖泊边界重叠对比，可以明显看到各年份

边界扩张及萎缩的现象。其中扎陵湖东岸 2003—2007 年有扩张的现象,持续 5 a,而 2008—2010 年、2011—2013 年、2014—2016 年三个时间段内均呈先小幅度扩张后萎缩的趋势,而 2017—2019 年则又开始逐渐扩张(图 2.13)。鄂陵湖西南岸变化与之相比差异较大,2003—2007 年持续扩张,但 2008 年扩张停止,2009 年湖又略微有所扩张,2010—2012 年湖岸形状变化不明显,也没有明显的扩张及萎缩,2013—2016 年则持续萎缩,尤其是 2016 年,萎缩幅度较大,之后 2017 年、2018 年又开始大幅扩张,至 2019 年略微萎缩(图 2.14)。

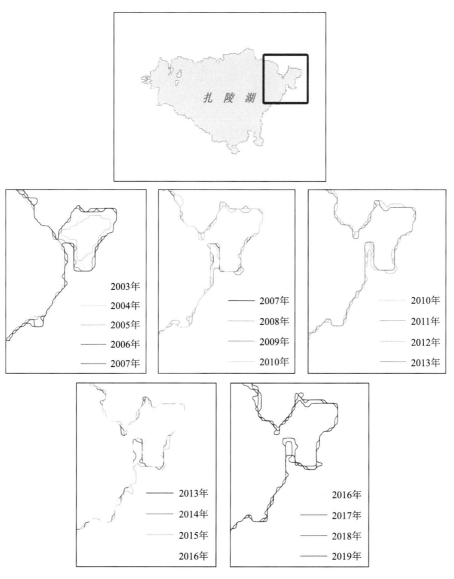

图 2.13　2003—2019 年扎陵湖东岸湖泊变化特征

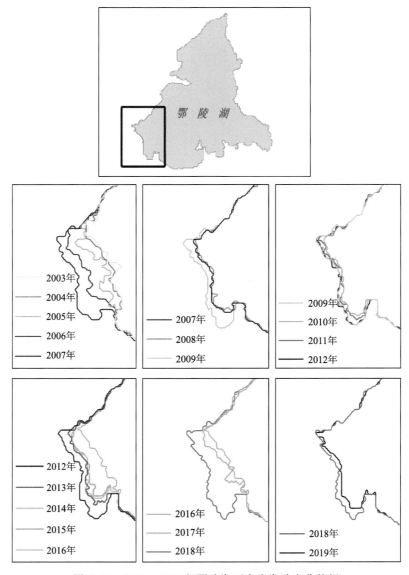

图 2.14　2003—2019 年鄂陵湖西南岸湖泊变化特征

2.2.2.3　湖泊面积评估模型

（1）湖泊面积与气象因子相关性分析

通过分析 2003—2019 年两湖面积与气象因子关系，挑选了 4 个相关性显著的因子（表 2.1），结合影响水体面积的机制性气象要素研究，选取合理的要素进行湖泊面积变化建模。

利用多元回归法，结合与湖泊面积显著相关的气象因子，建立湖泊面积变化关系模型，对模型结果进行假设性检验。

表 2.1　扎陵湖、鄂陵湖湖泊面积与当年气象因子相关性

相关系数	扎陵湖	鄂陵湖
年降水量	0.534	0.511
平均风速	−0.583	−0.589
平均地温	0.574	0.729
平均最低气温	0.612	/

（2）扎陵湖湖泊面积评估模型

扎陵湖湖泊面积和 5 月平均最低气温呈显著的正相关关系（$P<0.01$）（图 2.15），由于扎陵湖面积监测时间为 5 月，因此，该月气象要素更具有指示意义，5 月平均最低气温的变化趋势与扎陵湖面积的变化趋势基本一致，最低气温升高，有利于冰川冻土融化，增加扎陵湖注水量，水体面积扩大。

$$Y_z = 7.39T + 576.7 \tag{2.1}$$

式中：Y_z 为扎陵湖面积（km^2）；T 为 5 月平均最低气温（℃）。

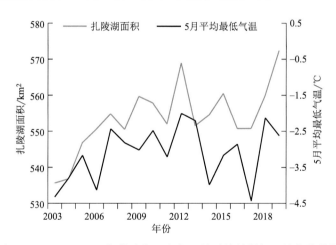

图 2.15　2003—2019 年扎陵湖面积与 5 月平均最低气温的变化趋势

年降水量与扎陵湖面积呈显著的正相关关系。降水量的增减趋势与扎陵湖湖泊面积的变化趋势几乎完全一致（$P<0.05$）（图 2.16）。

$$Y_z = 0.08368P + 522.9 \tag{2.2}$$

式中：Y_z 为扎陵湖面积（km^2）；P 为年降水量（mm）。

年平均风速与扎陵湖面积呈显著负相关关系，这可能是较大的风速加速湖泊水体蒸发，使湖泊面积减小（$P<0.05$）（图 2.17）。

$$Y_z = -32.33V + 646.8 \tag{2.3}$$

式中：Y_z 为扎陵湖面积（km^2）；V 为年平均风速（m/s）。

结合扎陵湖湖泊面积与显著相关的气象因子之间的关系，建立了扎陵湖湖泊面

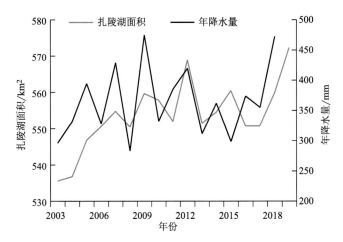

图 2.16　2003—2019 年扎陵湖面积与年降水量的变化趋势

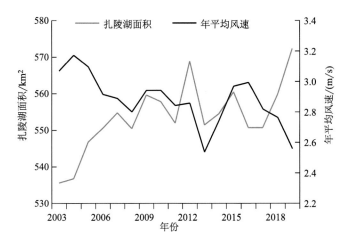

图 2.17　2003—2019 年扎陵湖面积与年平均风速的变化趋势

积变化模型（$P<0.05$）

$$Y_z = -22.7V + 3.7T + 0.05P + 611.1 \qquad (2.4)$$

式中：Y_z 为扎陵湖面积（km^2）；V 为年平均风速（$\mathrm{m/s}$）；P 为年降水量（mm）；T 为 5 月平均最低气温（℃）。

考虑到湖泊面积和气象因子之间的关系可能呈非线性关系，通过非线性拟合，挑选出最优结果，得到非线性拟合模型式（2.5）（$P<0.005$），拟合效果优于线性拟合模型式（2.4）。

$$Y_z = -1.69e^V + 9.06 \times 10^{-5} P^2 + 571.6 \qquad (2.5)$$

式中：Y_z 为扎陵湖面积（km^2）；V 为年平均风速（$\mathrm{m/s}$）；P 为年降水量（mm）。

利用扎陵湖湖泊面积变化模型与实际面积进行对比分析，对扎陵湖面积进行拟

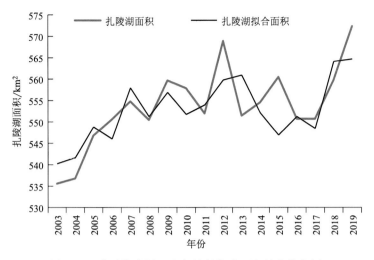

图 2.18　扎陵湖实际面积与线性拟合面积的变化特征

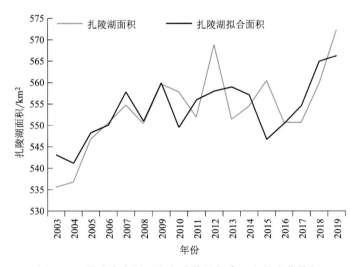

图 2.19　扎陵湖实际面积与非线性拟合面积的变化特征

合发现,两种模型模拟趋势基本一致,线性拟合模型除 2014 年前后出现反向变化趋势外,其余时间段变化趋势完全相同,尤其在 2010 年前拟合效果最佳。非线性拟合模型对 2010 前的拟合效果更佳,对极端值的拟合效果比线性拟合模型更好。总体而言,实际面积的方差比拟合面积更大,变化幅度大,拟合面积将波动进行了平滑处理,变化波动变小。根据显著性检验结果,非线性拟合模型能更好地模拟扎陵湖湖泊面积的变化。

　　(3)鄂陵湖湖泊面积评估模型

　　鄂陵湖湖泊面积和年平均风速呈显著的负相关关系($P<0.05$)(图 2.20),2003—2009 年年风速持续增大,鄂陵湖面积呈现明显减小趋势,这可能是由于风速

加速了湖面蒸发,使水体面积不断减小。

$$Y_e = -85.1V + 906.7 \tag{2.6}$$

式中:Y_e 为鄂陵湖面积(km^2);V 为年平均风速(m/s)。

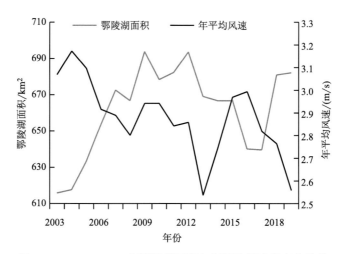

图 2.20　2003—2019 年鄂陵湖面积与年平均风速的变化趋势

年降水量的变化与鄂陵湖面积的趋势变化基本一致($P<0.05$),年降水量增加易导致鄂陵湖面积上升,其中,降水的变化幅度明显大于湖水面积的变化,水体对降水的变化有一定的缓冲作用(图 2.21)。

$$Y_e = 0.208 \times P + 585.1 \tag{2.7}$$

式中:Y_e 为鄂陵湖面积(km^2);P 为年降水量(mm)。

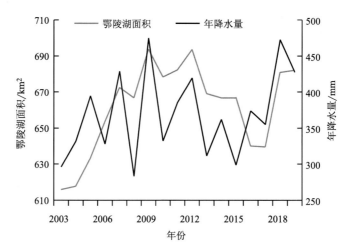

图 2.21　2003—2019 年鄂陵湖面积与年降水量的变化趋势

鄂陵湖面积与地温也成很好的正相关关系($P<0.001$),地温升高,有利于冰川

冻土融化,增加鄂陵湖注水量,使鄂陵湖面积增大(图 2.22)。

$$Y_e = 34.9D + 595.8 \tag{2.8}$$

式中:Y_e 为鄂陵湖面积(km^2);D 为年平均地温(℃)。

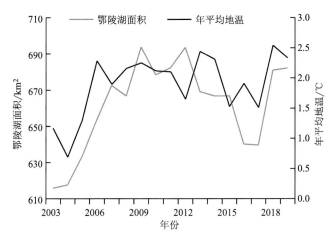

图 2.22　2003—2019 年鄂陵湖面积与年平均地温的变化趋势

结合鄂陵湖湖泊面积与显著相关的气象因子之间的关系,建立了鄂陵湖面积变化模型($P < 0.005$):

$$Y_e = -20.82V + 0.133P + 24.8D + 625.7 \tag{2.9}$$

式中:Y_e 为鄂陵湖面积(km^2);V 为年平均风速(m/s);P 为年降水量(mm);D 为年平均地温(℃)。从图 2.23 可以看出,模型可以很好地模拟出鄂陵湖多年的变化趋势,模拟效果较好。

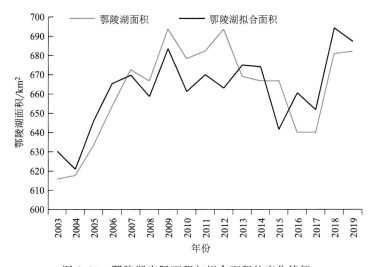

图 2.23　鄂陵湖实际面积与拟合面积的变化特征

考虑到湖泊面积和气象因子之间的关系可能呈非线性关系,通过非线性拟合,挑选出最优结果,得到非线性拟合模型式(2.10)($P<0.001$),拟合效果优于模型式(2.9),从图2.24也可以看出,非线性拟合模拟结果略优于线性拟合。

$$Y_e = 3.04 \times 10^{-7} \times P^3 + \ln D + 618.04 \qquad (2.10)$$

式中:Y_e 为鄂陵湖面积(km^2);P 为年降水量(mm);D 为年平均地温(℃)。

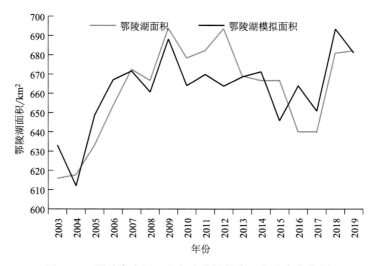

图 2.24　鄂陵湖实际面积与非线性拟合面积的变化特征

利用鄂陵湖湖泊面积变化模型与实际面积进行对比分析,对鄂陵湖面积进行拟合发现,两种模型对鄂陵湖湖泊面积的模拟总体变化趋势基本一致。实际面积的方差较拟合面积大,拟合过程将湖泊面积的波动进行了平滑,但除个别年份,整体升高下降趋势保持基本一致。在湖泊面积出现极端值年份,非线性拟合效果更佳。从显著性检验结果看,非线性拟合模型能更好地模拟鄂陵湖面积变化特征。

2.2.3　主要结论

① 扎陵湖、鄂陵湖地区平均气温、降水量、蒸发量及地温均为升高及增大趋势,但平均风速呈减小趋势。进入 21 世纪后气温、降水、蒸发量及地温均较常年值偏高,且气温及蒸发量的极值都出现在 2010 年后。

扎陵湖西北岸降水量较少,而气温、地温均偏高,蒸发量也在该区域最多,但平均风速较小。鄂陵湖则有明显的由西北向东南变化趋势,东南岸降水略微较多,但气温、地温较低,蒸发量最少,但风速较高。

② 扎陵湖、鄂陵湖近 17 a 平均面积分别为 553.8 km^2、662.0 km^2,均呈显著扩张趋势,分别以 1.3 km^2/a、2.2 km^2/a 的趋势扩张,扎陵湖在 2010 年后扩张较为明显,鄂陵湖则在 2003—2010 年及 2017 年后为扩张阶段。

扎陵湖西岸、南岸、东岸及鄂陵湖北岸、西南岸均有随时间变化而出现阶段性萎缩或扩张的情况。其中扎陵湖东北岸及鄂陵湖西南岸扩张及萎缩的现象较为明显,扎陵湖东岸从 2003 年起持续 5 a 扩张,而后出现连续三个时间段内先小幅度扩张后萎缩的趋势,自 2017 年后又开始逐渐扩张,鄂陵湖西南岸 2003—2007 年持续扩张,之后湖岸形状变化不明显,自 2013 年开始持续萎缩后 2017 年又开始大幅扩张。

③ 扎陵湖湖泊面积与 5 月平均最低气温、年降水量呈显著的正相关关系,而与年平均风速呈显著负相关关系,鄂陵湖湖泊面积与地温、年降水量呈显著的正相关关系,而与年平均风速呈显著的负相关关系,据此建立扎陵湖、鄂陵湖湖泊面积变化模型,用以评估鄂陵湖、扎陵湖湖泊面积。

目前,针对气候变化对扎陵湖、鄂陵湖湖泊面积影响的评估研究较少,但对于青海湖的研究较多,根据前人研究可知,对青海湖湖泊面积影响较大的因子主要有气温、降水量、蒸散发量、风速及地温,这与影响扎陵湖、鄂陵湖的气候因子较相似。因此,对扎陵湖、鄂陵湖的研究还应该更加深入的研究,进一步引入精细度更高的网格降水、气温资料,并将生态因子在湖泊面积变化中的影响加以分析讨论,更好地为湖泊水面变化及生态保障奠定坚实基础。

2.2.4 对策建议

三江源湖泊面积快速增加,是三江源生态环境持续向好的表征之一,将对生态恢复及减少土地沙化有着积极的影响。但在目前气候变暖背景下,对高寒生态环境带来挑战,建议持续保护生态环境,提高应对气候变化的能力。

① 不断完善三江源湖泊监测网络,提高湖泊变化的动态监测水平,提高突发性生态灾害事件的监测、预警和风险评估能力。加强气候变化和人类活动对生态系统影响分析以及对未来变化趋势预估,确保生态环境良性发展。

② 深入落实三江源地区河湖长制,推广河湖管理员公益岗位设置,鼓励当地居民积极参与河湖治理,担当"江源责任",确保"清水东流",为江源地区供水引水工程建设提供基础条件,为下游省份生产生活用水调度提供更大空间。

③ 三江源地处高原腹地,生态安全阈值幅度较窄,极易受到气候变化和人类活动的影响,应加强建设三江源生态环境本底数据库,提高三江源保护、恢复的科学研究水平,为三江源自然保护区生态治理提供理论依据,提高应对气候变化的能力。

第3章　气候变化对三江源冰冻圈的影响特征

3.1　气候变化对冻土的影响

3.1.1　冻土冻结初终日

1980—2019 年,三江源地区平均始冻期为 10 月 8 日,总体呈显著推迟趋势,气候倾向率为 5.6 d/10 a,通过 0.001 的显著性水平;由 9 点高斯滤波曲线可知,20 世纪 80—90 年代前中期土壤始冻期略偏早,1997 年后呈波动式推迟变化,2017 年源区平均始冻期(11 月 4 日)为历史最晚(图 3.1a)。各地历年平均始冻期出现在 9 月初至 11 月初,近 40 a 来最早始冻期出现在泽库,为 1992 年 7 月 9 日,最晚为贵德 1999 年 12 月 6 日;大部分地区始冻期呈现显著推迟趋势,其中曲麻莱推迟最明显,推迟速率为 13.9 d/10 a。

近 40 a 来,三江源地区平均解冻期为 5 月 7 日,总体呈显著提前趋势,气候倾向率为 −5.7 d/10 a,通过 0.001 的显著性水平;由 9 点高斯滤波曲线可知,20 世纪 80—90 年代初土壤解冻期多偏晚,1990 年后逐渐提前,尤其是 2011 年以来显著提前,与 1990 年相比,2019 年解冻期提前了 40 余天(图 3.1b)。各地历年平均解冻期出现在 3 月中旬至 7 月中旬,近 40 a 来最早解冻期出现在贵德,为 1998 年 2 月 11 日,最晚为清水河 1989 年 9 月 28 日;大部分地区解冻期呈现显著提前趋势,其中玛多提前最为明显,提前速率为 −20.7 d/10 a。

可以看出,三江源地区土壤冻结过程在 2 个月左右,解冻过程长达 4 个月,解冻过程所花的时间明显长于冻结过程。三江源地区平均始冻期和解冻期的转型年份均出现在 20 世纪 90 年代,其中始冻期转型年份略晚于解冻期,冻土解冻期曲线表现出的转型趋势较为明显。

3.1.2　最大冻结深度

1980—2019 年,三江源平均最大冻结深度呈显著减小趋势,由 1983 年的 162.2 cm减小至 2019 年的 105.9 cm,气候倾向率为 6.3 cm/10 a,通过 0.001 的显著性水平;由 9 点高斯滤波曲线可知,20 世纪 80 年代至 21 世纪初土壤冻结深度多偏大,但总体上呈波动式减小趋势,近 3 a 冻结最大深度急剧变浅(图 3.1c)。就各地而言,三江源大部分地区最大冻结深度呈现变浅趋势,气候倾向率为 −22.3～−1.0 cm/10 a,仅

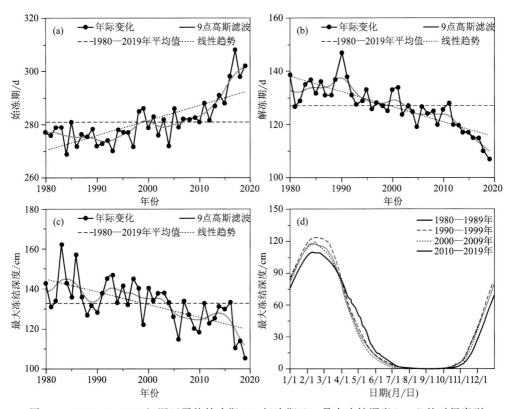

图 3.1 1980—2019 三江源区平均始冻期(a)、解冻期(b)、最大冻结深度(c～d)的时间序列

在贵南表现出显著增厚趋势,气候倾向率为 5.8 cm/10 a。

从三江源平均逐日最大冻结深度变化曲线可以看出(图 3.1d),整体上每年 1 月初平均最大冻结层深度达到 75 cm,并逐步加深,2 月达到最大冻结深度;7—10 月是冻土季节性融化的迅速发展期。分年代变化来看,1981—1990 年、1991—2000 年、2000—2010 年 3 个时期冻结下界的变化情况比较一致,冻结层下界存在"小—大—小"的变化过程,而 21 世纪 10 年代是冻结层下界变化最剧烈的时期,这一时期冻结层下界升高明显,达到同一冻结深度的时间变晚。

3.1.3 冻结变化的气候敏感度

已有研究表明,影响季节性冻结的因素以温度和降水最为明显,温度的高低直接影响土壤冻融,土壤始冻、解冻前和初期的降水量可以改变土壤湿度,土壤水分增大,土壤中空气含量减小,土壤热容量、导热率增大,土壤增温/冷却均变慢,因此,在地温较低、土壤干燥时利于冻结形成,鉴于此,下面分析气温、地温、降水量与土壤始冻期、解冻期、最大冻结深度的关系。

三江源地区土壤始冻期近 40 a 来有 17％的年份出现在 9 月,80％的年份出现在10 月,少数年份出现在 11 月,秋季降水发生在土壤冻结前期和初期,因此,利用秋季地面温度、近地层气温和秋季降水量分析始冻期与气候变化的关系。三江源地区秋季平均气温和地面温度呈现明显增温趋势,增温率分别为 0.51 ℃/10 a、0.68 ℃/10 a,均通过 0.001 的显著性水平,而秋季降水量增加趋势缓慢。从 1980—2019 年三江源地区平均始冻期、秋季平均气温、秋季平均地温的标准化序列可以看出(图 3.2a),大多数年份始冻期与秋季平均气温和地温存在协同一致的变化关系,相关系数分别为 0.70 和 0.73,均通过 0.01 的显著性水平;由图 3.2b 可见,三江源地区平均始冻期与秋季降水量亦呈显著正相关,相关系数为 0.56,即秋季平均气温和地温的高值年、秋季降水偏多年对应始冻期偏晚年。

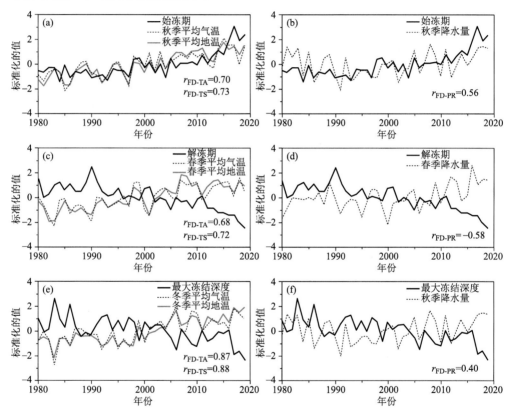

图 3.2　1980—2019 三江源地区平均始冻期与秋季气温、地温、降水量(a~b),解冻期与春季气温、地温、降水量(c~d),年最大冻结深度与冬季气温、地温、秋季降水量(e~f)的标准化序列

　　三江源土壤解冻期近 40 a 来有 25% 的年份出现在 4 月,75% 的年份出现在 5 月,春季降水发生在土壤解冻前期和初期,因此,利用春季平均气温、春季平均地温以及春季降水量分析土壤解冻期与气候变化的关系。三江源春季平均气温和地面温度呈现明显增温趋势,增温率分别为 0.42 ℃/10 a、0.63 ℃/10 a,均通过 0.001 的显著性水平,而春季降水量呈缓慢增加趋势,增加速率为 2.1 mm/10 a,通过 0.01 的显著性水平。由图 3.2c~d 可知,三江源土壤解冻期与春季平均气温、春季平均地温以及

春季降水量呈反位相变化,负相关性显著,相关系数分别为−0.68、−0.72、−0.58,即秋季气温和地温高值年对应解冻期偏早,秋季降水偏多有利于解冻期提前。

最大冻结深度与冬季平均气温、平均地表温度呈显著负相关性(图3.2e),相关系数分别为−0.87和−0.88,最大冻结深度与冬季降水的相关性并不显著,但与秋季降水量呈显著负相关性(图3.2f),这可能是因为冬季降雪一方面形成积雪对地面有保温作用,另一方面积雪消融吸收热量又可降低地面温度,这就造成冬季降水对冻结影响的不确定性,秋季降水偏多使土壤封冻前水分增大,土壤中空气含量减小,而土壤热容量、导热率增大,不利于土壤冻结深度增厚。

近40 a来,三江源各地土壤始冻期与秋季平均气温、秋季平均地温的正相关明显,即秋季平均气温和平均地温每上升1.0 ℃,土壤始冻期分别提前4.2 d和5.0 d(图3.3a、b);三江源各地土壤解冻期与春季平均气温、春季平均地表温度呈显著负

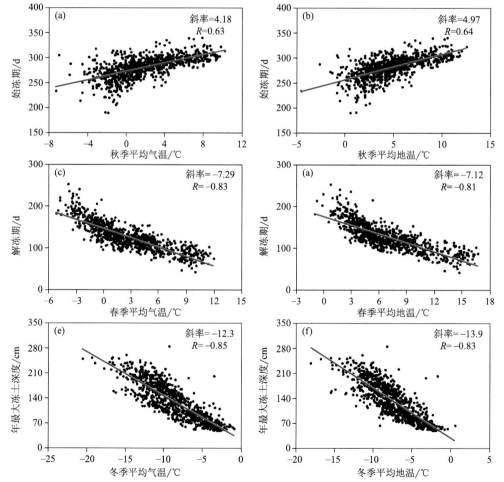

图3.3　1980—2019三江源地区21个气象观测点始冻期与秋季平均气温和地温(a~b),解冻期与春季平均气温和地温(c~d),年最大冻结深度与冬季平均气温和地温(e~f)的散点图

相关关系,春季平均气温和平均地温每上升 1.0 ℃,土壤解冻期提前 7.3 d 和 7.1 d(图 3.3c、d);三江源各地年最大冻结深度与冬季平均气温、冬季平均地表温度呈显著负相关关系,即冬季平均气温和平均地温每上升 1.0 ℃,土壤最大冻结深度减小 12.3 cm 和 13.9 cm(图 3.3e、f)。

3.1.4 冻结指数

1980—2019 年,三江源地区空气冻结指数和地表冻结指数均呈显著下降趋势,气候倾向率分别为−99.8 ℃·d/10 a,−119.8 ℃·d/10 a,均通过 0.001 的显著性水平,其中地表冻结指数的下降速率较前者要快。冻结指数年际和年代际变化表现出与年最大冻结深度一致的变化趋势,即 20 世纪 80 年代前期冻结指数偏大,1987 年至 90 年代初急剧减小,20 世纪 90 年代初至 21 世纪初冻结指数多偏大,整体上呈波动式减少趋势(图 3.4a、c)。1980—2019 年,三江源空气融化指数和地表融化指数呈波动式上升的特点,气候倾向率分别为 93.8 ℃·d/10 a,126.4 ℃·d/10 a,均通过 0.001 的显著性水平,其中地表融化指数的上升速率较前者要快。通过对比可以看出,近 3 a 地表冻结指数急剧下降,这与最大冻结深度一致,近 3 a 地表融化指数与解冻期变化也非常一致,这充分反映了冻结对地温的响应比气温更加敏感。

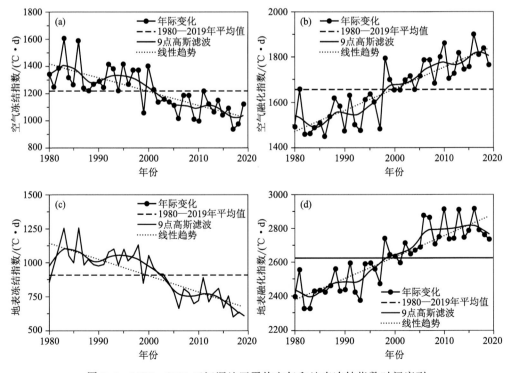

图 3.4　1980—2019 三江源地区平均空气和地表冻结指数时间序列

利用地表冻结指数,基于 GIS(地理信息系统)技术,根据 DEM 高程数据展示了三江源冻土的分布状况,与李树德和程国栋(1996)编制的青藏高原冻土图对比后发现,该方法能合理展示三江源冻土的分布状况。图 3.5 和表 3.1 给出不同年代三江源地区季节性冻土和多年冻土的分布状况,20 世纪 80 年代、20 世纪 90 年代多年冻土面积分别为 $25.9 \times 10^4 \mathrm{km}^2$、$24.0 \times 10^4 \mathrm{km}^2$,自进入 21 世纪后,季节性冻土面积大于多年冻土面积,其中 21 世纪 00 年代季节性冻土和多年冻土面积分别为 $20.9 \times 10^4 \mathrm{km}^2$、$17.0 \times 10^4 \mathrm{km}^2$,21 世纪 10 年代季节性冻土和多年冻土面积分别为 $27.5 \times 10^4 \mathrm{km}^2$、$10.6 \times 10^4 \mathrm{km}^2$,多年冻土面积明显减少,季节性冻土面积由东向西,由南向北扩张,冻土面积的这种变化趋势与海拔东低西高,气温东高西低,以及多年冻土下界较高的格局相适应,目前,主要的多年冻土主要存在于三江源西北部。

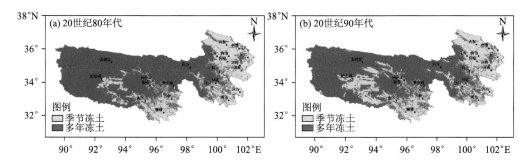

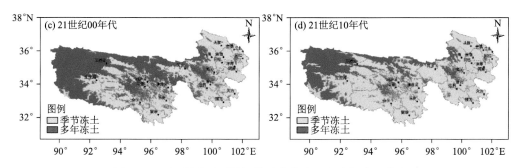

图 3.5 三江源地区不同年代季节性冻土和多年冻土分布

表 3.1 三江源地区不同年代季节性冻土和多年冻土面积

年代	多年冻土/万 km^2	季节冻土/万 km^2
20 世纪 80 年代	25.9	12.2
20 世纪 90 年代	24.0	14.1
21 世纪 00 年代	17.2	20.9
21 世纪 10 年代	10.6	27.5
1980—2019 年	19.5	18.6

3.1.5 结论与讨论

基于三江源地区 1980—2019 年的冻土观测资料,分析始冻期、解冻期、最大冻结深度的变化特征及其与气温、降水之间的关系,结合冻土指数和地面冻结模型,采用 GIS 技术,揭示不同类型冻土分布特征及演变趋势,主要得到以下结论。

① 1980—2019 年,三江源地区平均始冻期和解冻期分别呈显著推迟和提前趋势,气候倾向率分别为 5.6 d/10 a、−5.7 d/10 a,其中曲麻莱和玛多分别是推迟和提前最明显的地方。三江源地区土壤冻结过程在 2 个月左右,始冻期出现在 9 月初至 11 月初之间,解冻期出现在 3 月中旬至 7 月中旬,解冻过程长达 4 个月,解冻过程所花的时间明显长于冻结过程。三江源始冻期和解冻期的转型年份均出现在 20 世纪 90 年代,其中始冻期转型年份略晚于解冻期,冻土解冻期曲线表现出的转型趋势较为明显。

② 20 世纪 80 年代至 21 世纪初土壤冻结深度多偏大,但总体上呈显著减小趋势,气候倾向率为 6.3 cm/10 a,近 3 a 冻土最大深度急剧变浅。每年 11 月开始土壤开始冻结,次年 2 月冻土层深度达到最大冻结深度,7 月至 10 月是冻土季节性融化的迅速发展期。20 世纪 80 年代至 21 世纪 00 年代,冻结层下界存在“小—大—小”的变化过程,21 世纪 10 年代冻结层下界升高明显,达到同一冻结深度的时间变晚。

③ 影响冻土的因素以温度最为明显,近 40 a 来三江源地区平均始冻期与秋季平均气温(地温)呈显著正相关性,解冻期与春季平均气温(地温)呈显著负相关性,最大冻结深度与冬季平均气温(地温)呈显著负相关性,即气温(地温)的显著升高有利于始冻期推迟、解冻期提前以及最大冻结深度变浅,其中秋季平均气温(地温)每上升 1.0 ℃,土壤始冻期分别提前 4.2 d(5.0 d),春季平均气温(地温)每上升 1.0 ℃,土壤解冻期提前 7.3 d(7.1 d),冬季平均气温(地温)每上升 1.0 ℃,最大冻结深度减小 12.3 cm(13.9 cm)。

④ 降水量对冻土的形成有一定作用,三江源地区平均始冻期与秋季降水量呈显著正相关性,平均解冻期与春季降水量呈显著负相关性,最大冻结深度与秋季降水量呈显著负相关性,表明土壤始冻前和冻结初期降水量的增加对冻土始冻期推迟有一定促进作用,解冻前和解冻初期降水增加有利于解冻期提前,秋季降水量的增加对土壤冻结深度增厚有一定抑制作用,但影响不大。

⑤ 1980—2019 年,三江源地区空气冻结指数和地表冻结指数均呈显著下降趋势,气候倾向率分别为 −99.8 ℃·d/10 a、−119.8 ℃·d/10 a,空气融化指数和地表融化指数呈显著上升的特点,气候倾向率分别为 93.8 ℃·d/10 a,126.4 ℃·d/10 a,冻融指数尤其是地表冻结指数表现出与始冻期、解冻期、最大冻结深度一致的变化趋势,冻土对地温的响应比气温更加敏感。

⑥ 近 40 a 来,多年冻土面积明显减少,季节性冻土面积由东向西、由南向北扩张,其中 20 世纪 80 年代、20 世纪 90 年代三江源地区多年冻土面积大于季节性冻土

面积,自进入21世纪后,季节性冻土面积大于多年冻土面积,目前,主要的多年冻土主要存在于三江源西北部。

3.1.6　面临的挑战和对策建议

3.1.6.1　面临的挑战

三江源地处青藏高原腹地,是全球气候变化的敏感区和生态环境的脆弱区,并且其适应气候变化能力弱,使得其适应气候变化面临诸多挑战。

近60 a来,随着三江源地区气候变化向暖湿化发展,三江源地区生态系统严重退化,冰川萎缩、冻土退化,给长江、黄河、澜沧江生态环境带来风险。

三江源地区作为世界上山地冰川最多的区域之一,冰川融水是东亚地区大江大河发源及径流的重要补给源。气候显著变化已引起冰川发生全面退缩和加速消融,影响当地及下游地区水资源平衡,容易导致区域水循环状态恶化,威胁我国水安全形势,对水资源开发和保护提出了挑战。

冻土是影响高寒植被生态系统的重要环境因子。三江源区冻上退化伴随着土壤温湿度梯度发生显著的变化,三江源区内植物的水分传导性脆弱,生长将受到抑制作用,致使冻土区内的植被发生相应的演变,出现植被退化的趋势,对冻土植被生态系统的稳定性产生影响。伴随着多年冻土的变化,三江源多年冻土区出现植被覆盖率下降,高度变矮,初级生产力下降,物种多样性降低、群落结构和功能改变、植被由碳汇转变为碳源及逆行性演替加剧等现象。

3.1.6.2　对策建议

(1)加强三江源冰冻圈变化分析和数值模拟研究

受观测条件和现有数据积累的限制、数值模拟的难度及机理机制理解的不全面,目前对三江源气候变化影响下的冰川积雪消融、冻土退化研究依然存在较大的不确定性,因此,如何借助当前先进的空天地一体遥感技术对该区域加强监测,为冰川积雪冻土及其变化的分析和数值模拟提供对比和验证的依据,是未来三江区冰冻圈研究的重要课题。

(2)加强三江源冰冻圈变化及对生态环境影响机理的研究

多尺度融合研究冰冻圈变化机理模型,冰冻圈变化与土壤水热、大气环流耦合模型的改进与完善,开展冰冻圈与大气、水、生物的相互作用定量评估。冰冻圈退化与高原水资源、植被退化之间耦合关系研究,通过植被保护、人工增雨等手段开展冰冻圈保育技术研发与示范等。

(3)推进多部门综合观测与数据共享工程

在现有基础上,推动高原区域冻土观测站点建设,完善现有冻土监测项目;加速推进冰冻圈、水文、生态环境等跨部门综合监测系统建设,建成多部门一体化综合观测网络平台及其多源观测信息共享系统。

(4)组建多部门冰冻圈环境变化研究与保育中心

加强冰川、冻土、水文和生态过程及其相互作用问题研究,发展冰冻圈环境变化综合预估及其退化风险评估、决策技术系统,并提高冰川环境、冻土环境、生态环境保护综合监测、研究与监管能力,建议组建多部门参与的冰冻圈环境研究与保育中心。

3.2 气候变化对冰川的影响

3.2.1 冰川附近气候变化特征

3.2.1.1 阿尼玛卿冰川

1961—2021 年,阿尼玛卿冰川附近气象站(玛沁)的年平均气温为 -0.04 ℃,年平均最高气温为 8.6 ℃,年平均最低气温为 -6.9 ℃,均呈显著上升趋势,升温率分别为 0.37 ℃/10 a、0.29 ℃/10 a、0.49 ℃/10 a,以最低气温的上升趋势最为明显。从年代际变化来看,进入 21 世纪后玛沁县年平均气温、最高气温、最低气温均快速升高,分别在 2017 年、2010 年、2018 年达到历史最高值,2001—2021 年平均气温、最高气温、最低气温较 1961—2000 年分别偏高 1.3 ℃、1.0 ℃、2.2 ℃(图 3.6a～c)。

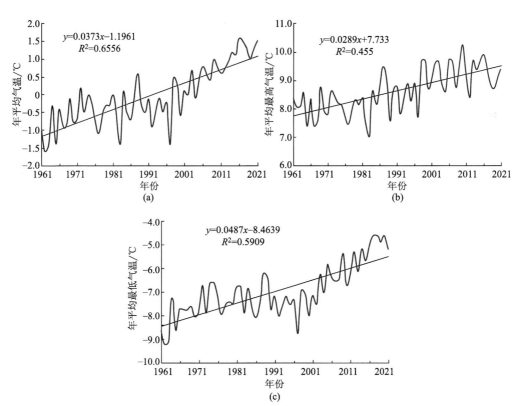

图 3.6 1961—2021 年玛沁年平均气温(a)、年平均最高气温(b)和年平均最低气温(c)变化

1961—2021 年,阿尼玛卿冰川附近气象站(玛沁)的平均年降水量为 523.2 mm,呈微弱增多趋势,平均每 10 a 增多 8.8 mm,21 世纪以来降水量偏多显著,较 1961—2000 年平均偏多 7.5%,尤其是近 4 a 降水量异常偏多,较历年偏多 23.1%,2018 年降水量达到历史最大值,为 691.5 mm(图 3.7)。

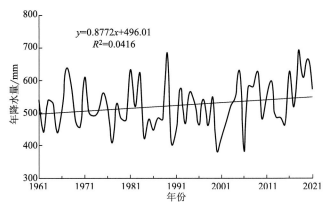

图 3.7　1961—2021 年玛沁年降水量变化

3.2.1.2　各拉丹东冰川

1961—2021 年,各拉丹东冰川附近气象站(沱沱河)的年平均气温为 −3.7 ℃,年平均最高气温为 4.6 ℃,年平均最低气温为 −10.6 ℃,均呈显著上升趋势,升温率分别为 0.37 ℃/10 a、0.24 ℃/10 a、0.52 ℃/10 a,以最低气温的上升趋势最为明显。从年代际变化来看,进入 21 世纪后沱沱河年平均气温、最高气温、最低气温均快速升高,分别在 2016 年、2010 年、2009 年达到历史最高值,2001—2021 年平均气温、最高气温、最低气温较 1961—2000 年分别偏高 1.5 ℃、0.9 ℃、2.2 ℃(图 3.8a～c)。

1961—2021 年,各拉丹东冰川附近气象站(沱沱河)的平均年降水量为 298.7 mm,呈显著增多趋势,平均每 10 a 增多 12.5 mm,进入 21 世纪以来降水量持续偏多,较 1961—2000 年平均偏多 13.6%,2009 年降水量达到历史最大值,为 503.0 mm(图 3.9)。

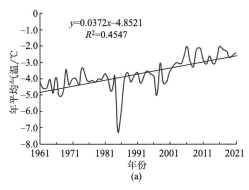

(a)

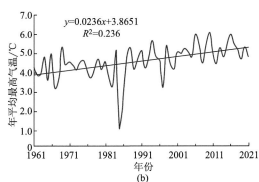

(b)

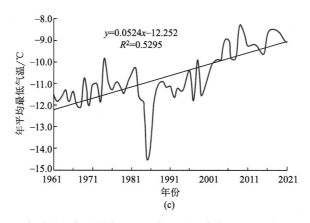

图 3.8　1961—2021 年沱沱河年平均气温(a)、年平均最高气温(b)和年平均最低气温(c)变化

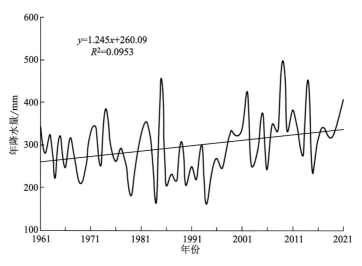

图 3.9　1961—2021 年沱沱河年降水量变化

3.2.2　冰川变化特征

　　自 2006 年以来,受气候快速变暖影响,三江源地区典型冰川呈退缩态势。与第二次冰川编目相比(2006—2010 年)(图 3.10),2019—2020 年三江源地区格拉丹东冰川和阿尼玛卿冰川面积分别减少 5.51%、4.96%,冰储量分别减少 23.43%、4.39%。

3.2.3　气候变化对冰川的影响

　　冰川的消融过程严重取决于气温和降水的变化。消融季(对应于气象上的夏、秋

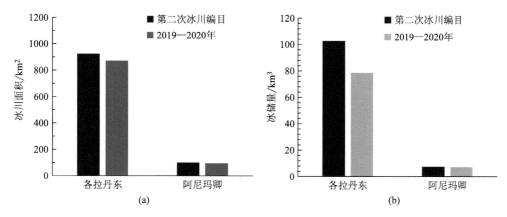

图 3.10　各拉丹冬和阿尼玛卿冰川面积和冰储量变化

季,通常为 5—10 月)气温的升高会大大加强冰川的消融速率,加速冰川末端的退缩和面积的萎缩。积累季(对应于气象上的冬、春季,通常为 11 月至次年 4 月)气温的升高虽然对冰川消融的强化作用有限,但会引起冰川内部温度的升高,即冰川"冷储"的减少。同时冬春季节气温的升高还会造成冬春季降水中更大比例会以降雨的形式降落于冰川表面,造成冬春季两端冰川的消融。

冬春季节降水是冰川物质的主要来源。冬春季降水的增加对补充夏秋季消融引起的冰川物质损失、减缓冰川的退缩过程等具有重要作用。夏秋季降水更多是以降雨的形式落于冰川表面。夏秋季降水量的增加与气温的升高相结合,会导致雨水中储存更多的热量,落到冰面以后直接作用于冰川消融过程,引起冰川的强烈消融,引发冰川的快速变化。而夏秋季降水量的减少也通常与云量的减少和辐射的增加相关联,进而也会对冰川消融产生一定促进作用。

从 1961—2020 年间三江源冰川附近各气象站点气温、降水与 1970—2018 年间三江源不同区域冰川变化的对应关系来看,三江源冰川面积的变化与气候条件的变化具有非常紧密的联系。不同季节气温的变化显示出三江源气温的升高主要出现在冬季,如上所述,这会造成冰川积累季"冷储"的减少,并与夏秋季节气温的升高共同作用,加速冰川在消融季的消融。同时,三江源冰川附近各站夏秋季节降水量的大幅增加也会造成消融季冰川融化的加剧,进一步强化冰川的退缩和面积的萎缩。

不同年代冰川面积的萎缩特征也与气象站点资料反映的年代际气候变化过程有较好的对应关系。对 1961—2020 年间各年代三江源各站点气温与降水量变化特征进行分析,从平均气温的变化来看,三江源 20 世纪 60 年代至 21 世纪 10 年代间的平均气温有所增幅,20 世纪 60 年代至 21 世纪 10 年代各站平均平均气温从 1961—1970 年间的 0.4 ℃升高到 2011—2020 的 2.0 ℃,升高了 1.6 ℃。相对而言,2000 年是一个比较明显的平均气温变化节点。1961—2000 年间各站平均气温为 0.6 ℃,到 2001—2020 年期间升高到 1.9 ℃,升高了 1.3 ℃。

3.2.4 未来气候变化特征

3.2.4.1 气温变化预估

CIMP6 多个全球气候模式对未来不同情景下(SSP-126、SSP-245、SSP-585),阿尼玛卿冰川和各拉丹东冰川附近气象站点气温变化的预估结果表明:在不同排放情景下,2023—2100 年两个冰川附近气象站点的年平均气温总体呈升高趋势,阿尼玛卿附近气象站(玛沁)气候倾向率分别为 0.05 ℃/10 a、0.22 ℃/10 a、0.65 ℃/10 a(图 3.11a),各拉丹东冰川附近气象站(沱沱河)气候倾向率分别为 0.05 ℃/10 a、0.25 ℃/10 a、0.66 ℃/10 a(图 3.11b),受大气中温室气体排放等外强迫的影响,与气候基准年(1981—2014 年)相比,气温增幅随时间推进而加大。从空间分布来看,各地升高幅度不尽一致,玛沁在 SSP-585 情景下升温幅度明显,而沱沱河在 SSP-245

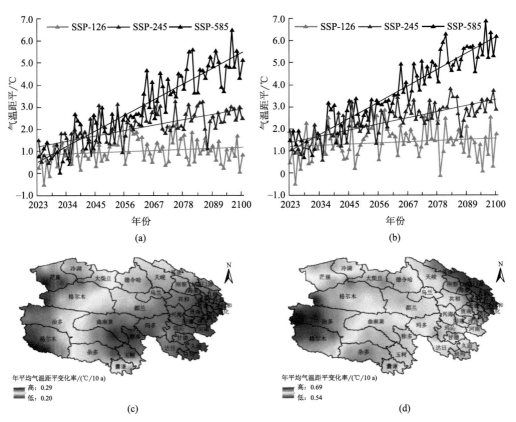

图 3.11 CMIP6 多模式模拟的不同情景下 2023—2100 年玛沁(a)、
沱沱河(b)平均气温距平变化和变率空间(c,d)变化

和 SSP-585 情景下增幅显著(图 3.11c、d)。

　　具体到三个不同时段来看,21 世纪近期、中期、末期,两个冰川附近气象站在中等温室气体排放情景下年平均气温均以升高趋势为主(表 3.2)。

表 3.2　2023—2100 年不同时段各情景下三个冰川年平均气温及距平变化预估

单位:℃

时段		SSP-126		SSP-245		SSP-585	
		平均值	距平	平均值	距平	平均值	距平
21 世纪近期 (2023—2040 年)	阿尼玛卿冰川	−2.9	0.7	−2.6	1.1	−2.7	0.9
	各拉丹东冰川	−7.2	1.1	−7.1	1.2	−6.9	1.3
21 世纪中期 (2041—2070 年)	阿尼玛卿冰川	−2.5	1.1	−1.5	2.1	−1.0	2.6
	各拉丹东冰川	−6.8	1.5	−5.9	2.4	−5.2	3.1
21 世纪末期 (2071—2100 年)	阿尼玛卿冰川	−2.6	1.0	−1.1	2.5	0.9	4.5
	各拉丹东冰川	−6.9	1.4	−5.4	2.9	−3.1	5.2

3.2.4.2　降水变化预估

　　与气候基准年(1981—2014 年)相比,未来两个冰川附近气象站点的年总降水量在不同排放情景下均呈略微增加趋势,玛沁和沱沱河增幅均在 10% 以下(图 3.12a-b)。

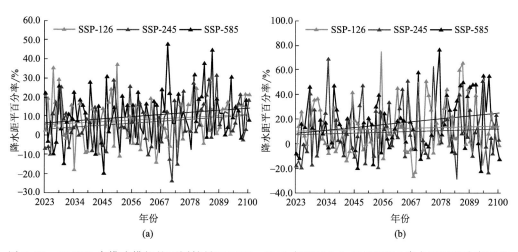

图 3.12　CMIP6 多模式模拟的不同情景下 2023—2100 年玛沁(a)、沱沱河(b)降水距平百分率变化

　　不同时段降水量的变化差异较为明显,总体以降水量略偏多趋势为主。低排放情景下,玛沁在 21 世纪中期表现为降水量减少,在中、高情景下有降水量增多的变化趋势,但增幅较小。沱沱河在高排放情景下以 21 世纪末期降水量增加为主(表 3.3)。

表 3.3　2023—2100 年不同时段各情景下三个冰川年降水量及降水百分率变化预估

时段	冰川	SSP-126		SSP-245		SSP-585	
		平均值/mm	距平百分率/%	平均值/mm	距平百分率/%	平均值/mm	距平百分率/%
21 世纪近期 (2023—2040 年)	阿尼玛卿	753.7	2.6	932.9	2.2	797.4	8.6
	各拉丹东	623.1	5.6	621.0	5.2	631.1	6.9
21 世纪中期 (2041—2070 年)	阿尼玛卿	772.2	5.1	951.9	5.4	813.9	10.8
	各拉丹东	625.6	5.9	621.8	5.3	646.7	9.5
21 世纪末期 (2071—2100 年)	阿尼玛卿	779.0	−6.1	1000.8	8.8	835.3	13.7
	各拉丹东	657.9	11.5	646.0	9.4	663.4	12.4

3.2.5　对策建议

未来,气候持续变暖、冰川退缩、积雪融化、冻土消融等变化会给生态环境等带来一定风险。及时掌握冰川附近的气候环境变化信息,科学决策,合理应对,提高适应气候变化的能力,减小气候变化可能带来的不利影响。

(1)加强冰冻圈变化分析和数值模拟研究

受观测条件和现有数据积累的限制、数值模拟的难度及机理机制理解的不全面,目前对气候变化影响下的冰川积雪消融等研究依然存在较大的不确定性,需加强冰川监测,为冰川积雪及其变化的分析和数值模拟提供对比和验证的依据。

(2)加强冰冻圈变化及对生态环境影响机理的研究

多尺度融合研究冰冻圈变化机理模型,冰冻圈变化与土壤水热、大气环流耦合模型的改进与完善,开展冰冻圈与大气、水、生物的相互作用定量评估。冰冻圈退化与高原水资源、植被退化之间耦合关系研究,通过植被保护、人工增雨等手段开展冰冻圈保育技术研发与示范等。

(3)推进多部门综合观测与数据共享工程

加速推进冰冻圈、水文、生态环境等跨部门综合监测系统建设,建成多部门一体化综合观测网络平台及其多源观测信息共享系统。

3.3　气候变化对积雪的影响

3.3.1　对最大积雪深度的影响

1961—2021 年,三江源区平均最大积雪深度总体变化趋势不明显,但阶段性变化明显。20 世纪 80 年代中期以前最大积雪深度呈增加趋势,80 年代中期至 20 世纪末呈减小趋势,进入 21 世纪以来呈增加趋势,2001—2021 年增加率为 1.5 cm/10 a。
2021 年三江源区平均最大积雪深度为 9.5 cm,为分析时段内最大值,较常年增加
2.5 cm(图 3.13a)。

1961—2021 年,黄河源园区、长江源园区和澜沧江源园区年最大积雪深度均呈
不明显增加趋势,增加率分别为 0.6 cm/10 a、0.009 cm/10 a 和 0.5 cm/10 a。2021
年黄河源园区和澜沧江源园区年最大积雪深度分别为 11 cm、15 cm,较常年分别增
加 3 cm、6 cm,长江源园区年最大积雪深度为 17.5 cm,较常年增加 12 cm,列 1961
年以来第二位(图 3.13b、c、d)。

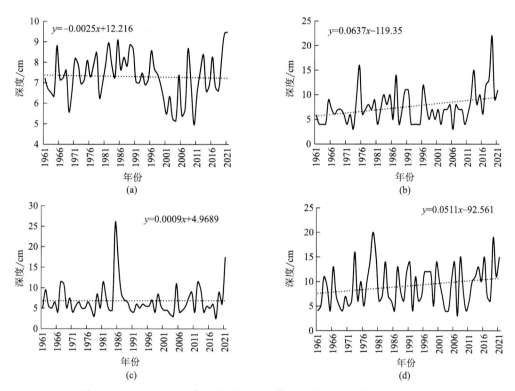

图 3.13　1961—2021 年三江源区(a)、黄河源园区(b)、长江源园区(c)、
澜沧江源园区(d)最大积雪深度变化

从最大积雪深度变率空间分布来看,五道梁、治多、杂多、玉树、囊谦、玛多、河南、
贵南等地呈增加趋势,平均每 10 a 增加 0.1～0.45 cm,其中以治多增加最明显;其余
各地均呈减小趋势,其中三江源东北部以及班玛、曲麻莱、沱沱河等地平均每 10 a 减
小 0.53～0.86 cm,同仁是年最大积雪深度减小最明显的地区(图 3.14)。

3.3.2　对积雪面积的影响

2006—2020 年三江源地区累计积雪面积呈先缓慢波动后急速增加的变化态势,

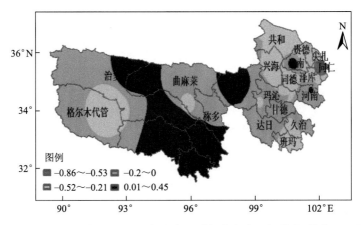

图 3.14　1961—2021 年三江源区年最大积雪深度变率空间分布(单位:cm/10 a)

总体增加率为 3.23 万 km²/a,2019—2020 年明显增加(图 3.15a)。三江源国家公园
累计积雪面积和整个三江源区变化趋势基本一致,呈"减—缓慢增加—明显增加"的
态势,2019 年和 2020 年积雪面积明显增加(图 3.15b)。

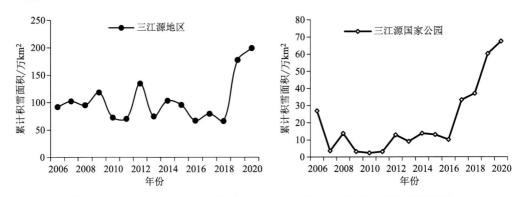

图 3.15　2006—2020 年三江源地区(a)和三江源国家公园(b)累计积雪面积

3.3.3　对积雪日数的影响

1961—2018 年三江源区积雪日数总体变化趋势不明显,但阶段性变化较大,大
致以 1997 年为界,1961—1997 年积雪日数平均为 35.6 d,呈上升趋势,1998 年以来
积雪日数明显减少,1998—2018 年减少为 30.0 d,较 1961—1997 年平均减少 5.6 d
(图 3.16)。

3.3.4　对策建议

① 加强三江源源头和水源涵养区的生态保护,突出"中华水塔"作用,巩固三江
源重要水源地和生态安全屏障地位。加强水土流失治理、水资源保护和水生态环境

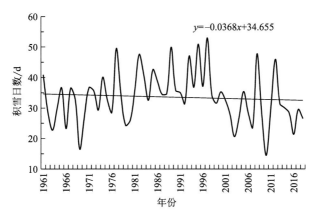

图 3.16　1961—2018 年三江源地区积雪日数变化

修复,优先为生态保护和建设配置水资源,杜绝经济社会发展挤占生态用水。

②尽管积雪消融在短期内有助于经济建设发展和绿洲扩展,但随着积雪不断消融,对今后生态环境、水资源安全等带来一定影响。建议构建设计科学、手段先进、评估准确、服务全面的气象灾害风险管理体系,防范冰川消融带来的自然灾害。

③加强气候变化科学研究和技术开发。加强气候变化的科学事实与不确定性、气候变化对积雪的影响等研究工作。加强积雪气候观测系统建设,开发草地气候变化适应技术和固碳技术。

第4章 气候变化对三江源草地植被的影响特征

4.1 气候变化对植被物候期的影响

4.1.1 物候期多年变化特征

利用三江源区 15 个生态监测站发育期观测资料分析表明,2010 年以前返青期、黄枯期和生长季年际间波动较大,变化趋势不明显,2010 年以来返青期呈提前趋势,平均每 10 a 提前 4.0 d(图 4.1a),黄枯期推迟,平均每 10 a 推迟 1.2 d(图 4.1b),生长季延长,平均每 10 a 延长 5.1 d(图 4.1c)。

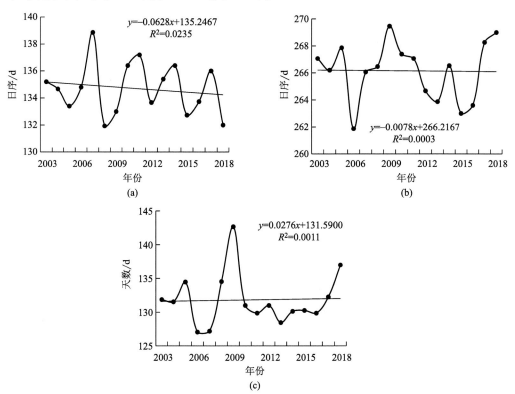

图 4.1 2003—2018 年返青期(a)、黄枯期(b)和生长期(c)变化

4.1.2 物候期空间变化特征

三江源各地返青期变化趋势差异较大,其中沱沱河、班玛、久治等地呈提前趋势,平均每10 a 提前2.4～7.8 d,玛多、泽库等地呈推迟趋势,平均每10 a 推迟2.3～9.4 d(图4.2a)。沱沱河、囊谦、玛多等地黄枯期呈提前趋势,平均每10 a 提前3.5～9.7 d,而久治、杂多等地黄枯期推迟,平均每10 a 推迟2.4～10.2 d(图4.2b)。玛多、泽库、曲麻莱等地生长期呈缩短趋势,平均每10 a 缩短2.0～17.4 d,久治、班玛、甘德等地生长期呈延长趋势,平均每10 a 延长2.2～14.6 d(图4.2c)。

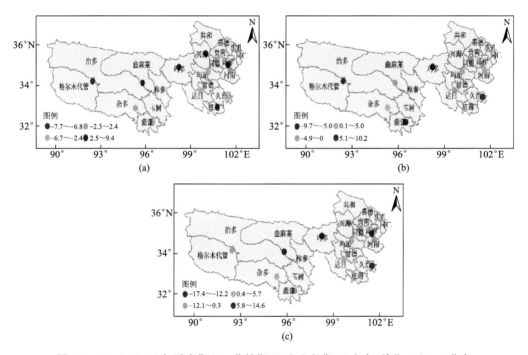

图 4.2 2003—2018 年返青期(a)、黄枯期(b)和生长期(c)变率(单位:d/10 a)分布

4.2 气候变化对植被生产力的影响

4.2.1 植被覆盖度

利用遥感监测资料,将植被覆盖率等于或低于20%定义为低覆盖度草地,高于20%定义为中高覆盖度草地。2002—2018 年三江源地区低覆盖度草地面积每10 a 以0.193 万 km² 速度减少(图4.3a),中高覆盖度草地面积每10 a 以0.216 万 km² 速度

增加(图 4.3b)。

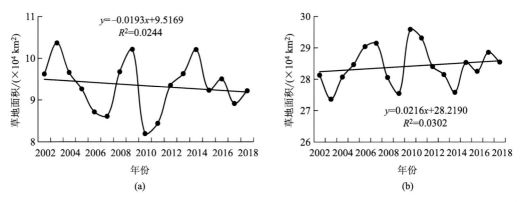

图 4.3 三江源区 2002—2018 年草地低(a)、中高(b)覆盖度面积变化

4.2.2 植被指数

利用遥感监测的 NDVI 值表示植被指数。2000—2018 年,三江源生长季(5—9月)植被指数 NDVI 值呈增加趋势,平均每 10 a 增加 0.010,草地植被生态环境整体趋好,尤其是 2000—2012 年植被指数 NDVI 值增加明显,平均每 10 a 增加 0.036(图 4.4)。

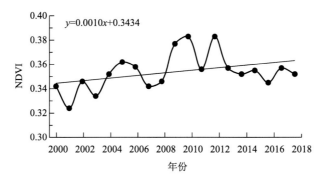

图 4.4 2000—2018 年三江源区植被指数变化

4.2.3 草层高度

利用三江源区生态监测站观测资料分析表明,2003—2017 年三江源牧草草层高度逐年波动较大,总体呈增加趋势,平均每 10 a 增加 2.5 cm(图 4.5a)。覆盖度总体呈增加趋势,平均每 10 a 增加 3.0%,但阶段性变化较大,2012 年以前呈增加趋势,2012年以来覆盖度呈减小态势(图 4.5b)。2003 年以来三江源区生物量总体呈减少趋势,平均

每 10 a 减少 18.1 kg/亩[①],大致以 2010 年为界,2003—2010 年以前生物量呈增加趋势,平均每 10 a 增加 100.9 kg/亩,2011—2017 年受植被类型变化等因素影响,生物量呈减少趋势,平均每 10 a 增加 37.2 kg/亩(图 4.5c)。

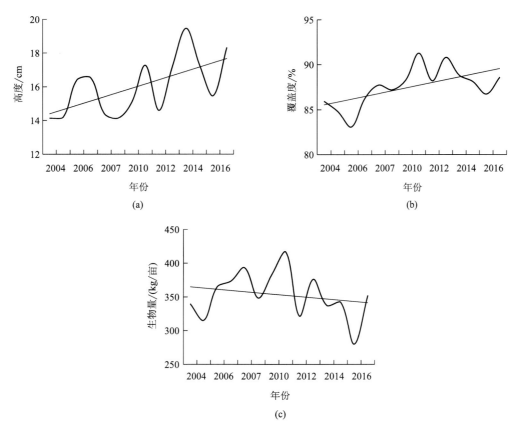

图 4.5　2003—2017 年牧草草层高度(a)、覆盖度(b)和生物量(c)变化

2003—2017 年除河南地区牧草草层高度呈明显减小,泽库、兴海略微减小外,其余地区呈增加趋势,其中同德、达日、囊谦、玛沁等地增加幅度较大,平均每 10 a 增加 5.2~9.7 cm(图 4.6a)。各地牧草覆盖度主要以增加为主,其中同德、达日、沱沱河增加幅度较大,平均每 10 a 增加 16.7%~24.2%,曲麻莱、清水河等地牧草覆盖度呈减少趋势,但变化幅度在 5.5% 以内(图 4.6b)。泽库、玛多、班玛、久治等地生物量呈减小趋势,平均每 10 年 60.2~141.4 kg/亩,达日、囊谦、玛沁、甘德等地生物量呈增加趋势,平均每 10 a 增加 55.1~93.1 kg/亩(图 4.6c)。

———————————

① 1 亩 ≈ 666.67 m²,余同。

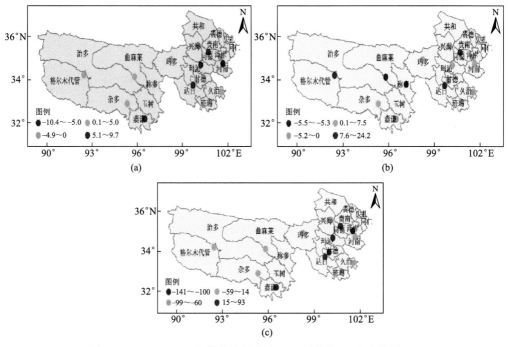

图 4.6　2003—2017 年牧草草层高度(a)、覆盖度(b)和生物量(c)变率分布(单位:cm/10 a、%/10 a、kg/(亩·10 a))

4.2.4　牧草产量

4.2.4.1　生长季牧草产量的分布特征

（1）逐月牧草产量的分布特征

三江源区不同草地类型牧草产量之间差异显著,总体而言,各月围栏内牧草产量高于围栏外牧草产量,6 月牧草产量显著低于 7 月和 8 月,而 7 月和 8 月差异不显著。对围栏内外进行平均值计算,表征该生态站的平均牧草产量,结果显示:6 月,班玛的牧草产量最高,达 405.90 kg/亩,其次是囊谦、河南、久治、泽库、达日、玛沁、杂多,这些地区牧草产量均超过 100 kg/亩,而甘德、清水河、同德、兴海、沱沱河、曲麻莱和玛多的牧草产量较低,尤其是玛多,牧草产量仅 27.09 kg/亩。7 月,班玛的牧草产量最高,达535.03 kg/亩,其次是河南、囊谦、久治、泽库、达日、杂多、甘德、玛沁,这些地区牧草产量均超过 200 kg/亩,清水河和同德的牧草产量超过 100 kg/亩,而兴海、曲麻莱、沱沱河和玛多的牧草产量较低,尤其是玛多,牧草产量仅 48.14 kg/亩。8 月,班玛的牧草产量最高,达 568.22 kg/亩,其次是河南、囊谦、久治、达日、杂多,这些地区牧草产量均超过300 kg/亩,泽库、甘德、玛沁的牧草产量均超过 200 kg/亩,清水河和同德的牧草产量超过 100 kg/亩,而兴海、曲麻莱、沱沱河和玛多的牧草产量较低,尤其是玛多,牧草产量仅 46.05 kg/亩(图 4.7)。

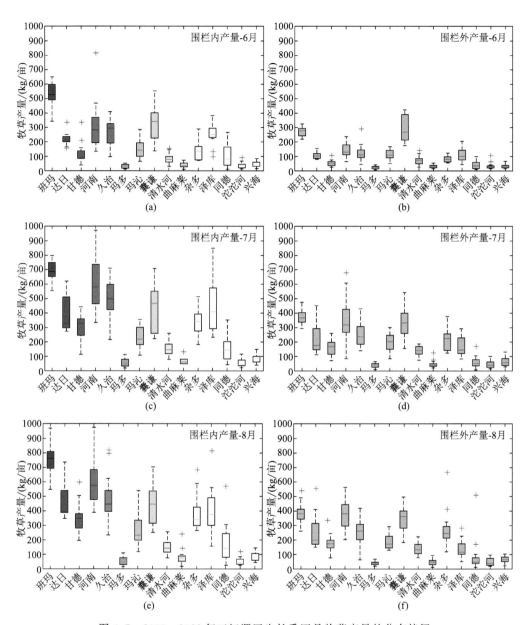

图 4.7　2003—2022 年三江源区生长季逐月牧草产量的分布特征

（2）平均牧草产量的分布特征

对生长季（6—8 月）围栏内外牧草产量进行平均值计算，得到 2003—2022 年三江源地区各生态站生长季牧草产量的多年平均分布特征，结果表明，班玛的牧草产量多年平均值最高，达 503 kg/亩，其次是河南、囊谦、久治、达日、泽库、杂多、玛沁、甘德、清水河、同德、兴海、曲麻莱、沱沱河和玛多，牧草产量分别为 434 kg/亩、365 kg/

亩、306 kg/亩、275 kg/亩、253 kg/亩、237 kg/亩、195 kg/亩、192 kg/亩、123 kg/亩、103 kg/亩、64 kg/亩、53 kg/亩、46 kg/亩和 40 kg/亩(图 4.8)。

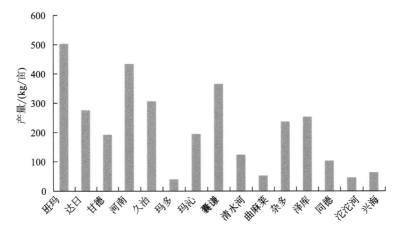

图 4.8　2003—2022 年三江源地区生长季牧草产量的多年平均值

(3)不同草地类型的牧草产量分布特征

进一步分草地类型进行统计,从表 4.1 可以看出,三江源区不同类型草地牧草产量表现为:高寒草甸>高寒草原>温性草原>高寒荒漠,分月来看,6 月份平均牧草产量(78.64 kg/亩)显著低于 7 月(131.00 kg/亩)和 8 月(137.03 kg/亩),而 7 月(131.00 kg/亩)和 8 月(137.03 kg/亩)差异不显著。6 月,高寒草甸的平均牧草产量达 162.17 kg/亩,而高寒草原、温性草原和高寒荒漠的平均牧草产量分别为 75.63、40.88 和 35.88 kg/亩;7 月,高寒草甸的平均牧草产量达 286.87 kg/亩,而高寒草原、温性草原和高寒荒漠的平均牧草产量分别为 108.65、76.22 和 52.25 kg/亩;8 月,高寒草甸的平均牧草产量达 296.61 kg/亩,而高寒草原、温性草原和高寒荒漠的平均牧草产量分别为 126.92、74.63 和 49.955 kg/亩。

表 4.1　2003—2022 年三江源区不同草地类型生长季牧草产量的变化特征

单位:kg/亩

草地类型	6 月			7 月			8 月		
	平均值	围栏内	围栏外	平均值	围栏内	围栏外	平均值	围栏内	围栏外
高寒草甸类	162.17	205.79	118.54	286.87	358.37	215.37	296.61	373.81	219.40
高寒草原类	75.63	109.13	42.12	108.65	155.70	61.60	126.92	177.57	76.27
温性草原类	40.88	46.80	34.97	76.22	87.06	65.38	74.63	85.03	64.23
高寒荒漠类	35.88	38.48	33.29	52.25	58.21	46.29	49.95	53.95	45.94
全区	78.64	100.05	57.23	131.00	164.84	97.16	137.03	172.59	101.46

4.2.4.2　生长季牧草产量的年变化特征

（1）逐月牧草产量的年变化特征

图 4.9 给出了 2003—2022 年三江源地区生长季牧草产量的年际变化速率,从图中可以看出,近 20 a 三江源地区各月牧草产量年际变化速率不一致,6 月三江源地区的牧草产量呈增多趋势,年际变化速率为 1.14 kg/(亩·a),其中,囊谦的牧草产量年际变化速率最高,为 9.54 kg/(亩·a),其次是同德,为 4.68 kg/(亩·a),而泽库、沱沱河、杂多、玛多和甘德牧草产量年际变化速率小于 0,呈减少趋势,减少速率分别为 2.12 kg/(亩·a)、1.99 kg/(亩·a)、1.28 kg/(亩·a)、0.74 kg/(亩·a)和0.68 kg/(亩·a)。7 月三江源地区的牧草产量呈减少趋势,年际变化速率为 −1.43 kg/(亩·a),其中,久治、达日和泽库的牧草产量年际减少速率比较高,超过 10 kg/(亩·a),其次是杂多、沱沱河、曲麻莱、班玛和玛多,这些地区牧草产量均呈减少趋势,减少速率为 4.17～0.68 kg/(亩·a),而河南、同德、清水河、甘德、囊谦、玛沁和兴海的牧草产量呈增多趋势,年际增多速率分别为 9.50 kg/(亩·a)、4.90 kg/(亩·a)、4.16 kg/(亩·a)、3.42 kg/(亩·a)、1.70 kg/(亩·a)、0.75 kg/(亩·a)和 0.02 kg/(亩·a)。8 月三江源地区的牧草产量呈减少趋势,年际变化速率为 −0.62 kg/(亩·a),其中,久治和达日的牧草产量年际减少速率比较高,超过 10 kg/(亩·a),其次是泽库、杂多、班玛、沱沱河和曲麻莱,这些地区牧草产量均呈减少趋势,减少速率为 5.10～2.24 kg/(亩·a),而河南、同德、囊谦、甘德、清水河、玛沁、玛多和兴海的牧草产量呈增多趋势,年际增多速率分别为 12.39 kg/(亩·a)、7.40 kg/(亩·a)、5.24 kg/(亩·a)、3.44 kg/(亩·a)、1.46 kg/(亩·a)、0.83 kg/(亩·a)、0.04 kg/(亩·a)和 0.02 kg/(亩·a)(图 4.9)。总体而言,近 20 a 三江源地区牧草产量呈减产趋势。

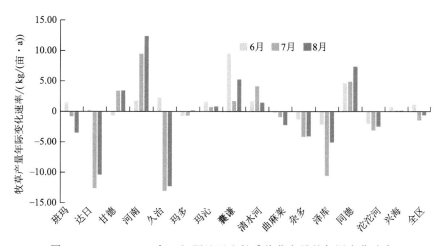

图 4.9　2003—2022 年三江源地区生长季牧草产量的年际变化速率

(2)各月牧草产量的年变化特征

图4.10进一步给出了2003—2022年三江源地区生长季牧草产量的年际变化热力图。6月,班玛的平均牧草产量较其他地区高,其中2003年、2010年和2017年牧草产量最高,均达450 kg/亩;达日的平均牧草产量在2005年时最高,达246 kg/亩;甘德的平均牧草产量在2013年时最高,达222 kg/亩;河南的平均牧草产量在2019年时最高,达497 kg/亩;久治的平均牧草产量在2016年时最高,达344 kg/亩;玛多的平均牧草产量较低,但在2010年和2003年时最高,超过40 kg/亩;玛沁的平均牧草产量在2016年时最高,达210 kg/亩;囊谦的平均牧草产量较高,在2004年、2020年、2021年和2022年时最高,超过400 kg/亩;清水河的平均牧草产量在2012年、2018年、2020年和2022年时最高,超过100 kg/亩;曲麻莱的平均牧草产量较低,但在2005年、2009年、2011年和2017年时最高,超过50 kg/亩;杂多的平均牧草产量在2020年时最高,达230 kg/亩;同德的平均牧草产量在2009年和2020年时最高,超过150 kg/亩;沱沱河的平均牧草产量较低,但在2004年时最高,超过90 kg/亩;兴海的平均牧草产量较低,但在2019年时最高,达75 kg/亩(图4.10a)。7月,班玛的平均牧草产量较其他地区高,其中2017年牧草产量最高,均达601 kg/亩;达日的平均牧草产量在2005年时最高,达536 kg/亩;甘德的平均牧草产量在2018年时最高,达322 kg/亩;河南的平均牧草产量在2019年时最高,达1657 kg/亩;久治的平均牧草产量在2003年时最高,达506 kg/亩;玛多的平均牧草产量较低,但在2018年和2015年时最高,超过70 kg/亩;玛沁的平均牧草产量在2013年时最高,达327 kg/亩;囊谦的平均牧草产量较高,在2004年、2005年、2014年和2016年时最高,超过500 kg/亩;清水河的平均牧草产量在2020年时最高,超过200 kg/亩;曲麻莱的平均牧草产量较低,但在2005年时最高,超过100 kg/亩;杂多的平均牧草产量在2009年时最高,达446 kg/亩;同德的平均牧草产量在2020年时最高,达264 kg/亩;沱沱河的平均牧草产量较低,但在2004年时最高,超过100 kg/亩;兴海的平均牧草产量较低,但在2010年和2019年时最高,超过100 kg/亩(图4.10b)。8月,班玛的平均牧草产量较其他地区高,其中2003年牧草产量最高,均达718 kg/亩;达日的平均牧草产量在2010年时最高,达581 kg/亩;甘德的平均牧草产量在2010年时最高,达394 kg/亩;河南的平均牧草产量在2019年时最高,达1776 kg/亩;久治的平均牧草产量在2005年时最高,达606 kg/亩;玛多的平均牧草产量较低,但在2010年时最高,超过79 kg/亩;玛沁的平均牧草产量在2020年时最高,达414 kg/亩;囊谦的平均牧草产量较高,在2014年时最高,超过537 kg/亩;清水河的平均牧草产量在2004年时最高,超过200 kg/亩;曲麻莱的平均牧草产量较低,但在2007年时最高,超过150 kg/亩;杂多的平均牧草产量在2014年时最高,达674 kg/亩;同德的平均牧草产量在2018年时最高,达538 kg/亩;沱沱河的平均牧草产量较低,但在2006年时最高,达106 kg/亩;兴海的平均牧草产量较低,但在2010年时最高,达122 kg/亩(图4.10c)。

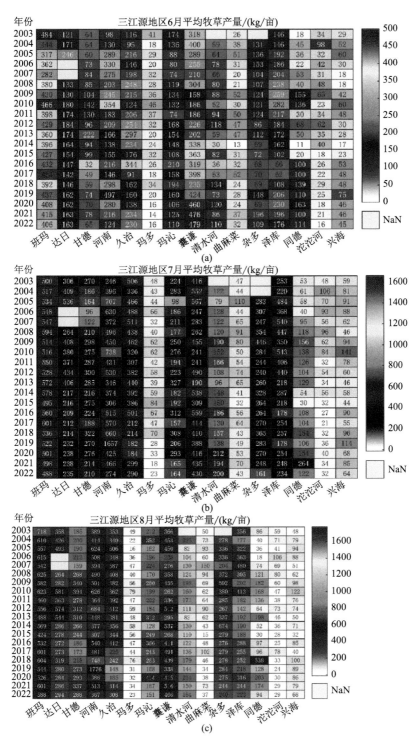

图 4.10　2003—2022 年三江源地区生长季牧草产量的年际变化热力图

（3）各月牧草产量的年变化特征

对生长季（6—8月）围栏内外牧草产量进行平均值计算，并按草地类型进行划分，可以发现，2003—2022年三江源地区生长季不同草地类型牧草产量的年际变化情况不一致，高寒草原类的平均牧草产量呈增大趋势，年际变化速率为5.66 kg/（亩·a）；温性草原类的平均牧草产量也呈增大趋势，年际变化速率为0.26 kg/（亩·a）；而高寒草甸类和高寒荒漠类的平均牧草产量呈减小趋势，年际减小速率分别为0.59 kg/（亩·a）和2.52 kg/（亩·a）（图4.11）。

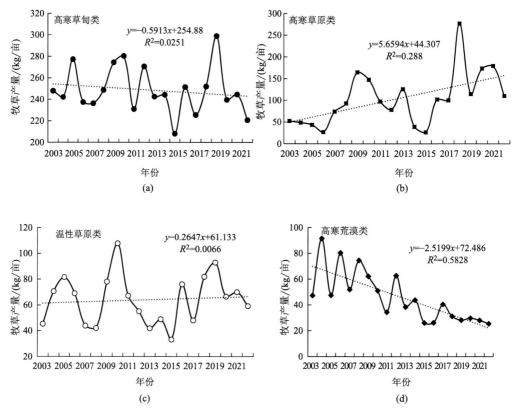

图4.11　2003—2022年三江源地区生长季不同草地类型牧草产量的年际变化

4.2.4.3　生长季牧草产量对气候变化的响应

三江源地区各生态监测站草地产量和年降水量与气温存在一定的相互作用关系（图4.12），各监测站年降水量与牧草产量相关系数普遍高于气温与牧草产量的相关系数，可以说明对三江源地区牧草产量影响较大的因子是降水量的变化（图4.12a）；也可以看出，气温和降水对温性草原的影响比对高寒草甸、高寒草原和荒漠草原的影响大。绝大多数地区降水和气温与牧草产量呈正相关关系，相关系数在0～0.5；局部地区相关性较高，相关系数超过了0.65（图4.12b），降水量与牧草产量相关性优于气温与牧草产量的相关性,三江源地区生长季牧草产量不是由单一气象条件决定的,而是气温和降水共同作用的结果。

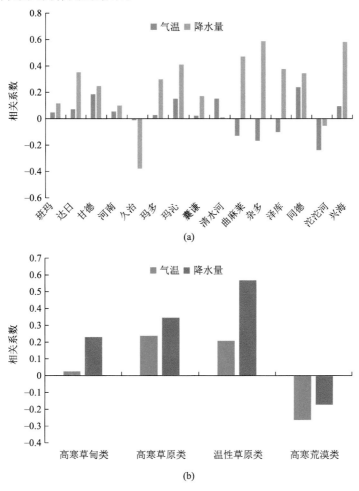

图 4.12 2003—2022 年三江源地区生长季平均气温、降水量与牧草产量的关系

4.2.4.4 主要结论

基于三江源地区的生态牧业站围栏内外的牧草产量和气象观测资料,从生长季牧草产量的分布特征、生长季牧草产量的年变化特征、生长季牧草产量对气候变化的响应 3 个方面分析了 2003—2022 年三江源地区生长季牧草产量对气候变化的响应特征,以期为三江源地区草地生长状况和生长趋势,为政府管理部门的决策提供技术支持,为青海省生态文明建设,生态环境保护等工程提供科技支撑,主要结论如下。

① 三江源区不同草地类型牧草产量之间差异显著,总体而言,各月围栏内牧草产量高于围栏外牧草产量,6 月牧草产量显著低于 7 月和 8 月,而 7 月和 8 月差异不显著。班玛的牧草产量多年平均值最高,达 503 kg/亩,其次是河南、囊谦、久治、达

日、泽库、杂多、玛沁、甘德、清水河、同德、兴海、曲麻莱、沱沱河和玛多。分草地类型来看，高寒草甸＞高寒草原＞温性草原＞高寒荒漠。

② 2003—2022 年三江源地区生长季牧草产量的年际变化速率不一致，6 月三江源地区的牧草产量呈增多趋势，年际变化速率为 1.14 kg/(亩·a)，7 月三江源地区的牧草产量呈减少趋势，年际变化速率为−1.43 kg/(亩·a)，8 月三江源地区的牧草产量呈减少趋势，年际变化速率为−0.62 kg/(亩·a)，总体而言，近 20 a 三江源地区牧草产量呈减产趋势。分不同草地类型来看，高寒草原类的平均牧草产量呈增大趋势，年际变化速率为 5.66 kg/(亩·a)；温性草原类的平均牧草产量也呈增大趋势，年际变化速率为 0.26 kg/(亩·a)；而高寒草甸类和高寒荒漠类的平均牧草产量呈减小趋势，年际减小速率分别为 0.59 kg/(亩·a)和 2.52 kg/(亩·a)。2019 年河南的平均牧草产量均超过 1500 kg/亩，牧草产量的人工观测时人为干扰因素比较大，后期建议加强观测规范培训。

③ 1961 年以来，三江源地区暖湿化现象比较严重，三江源地区各生态监测站草地产量和年降水量与气温存在一定的相互作用关系，对三江源地区牧草产量影响较大的因子是降水量的变化；气温和降水对温性草原的影响比对高寒草甸、高寒草原和荒漠草原的影响大，降水量与牧草产量相关性优于气温与牧草产量的相关性，三江源地区生长季牧草产量不是由单一气象条件决定的，而是气温和降水共同作用的结果。

4.3 气候变化对生态系统碳循环的影响

4.3.1 对植被固碳量的影响

利用在青海高原适用的周广胜(1998)模型计算三江源区净初级生产力(NPP)，1961—2017 年三江源 NPP 呈增加趋势，平均每 10 a 增加 21.7 gC/m^2(图 4.13a)。大致从 2005 年开始植被 NPP 逐年变化幅度减小，且一直维持在较高值，2005 年前后两个时段 NPP 相差 111.1 gC/m^2。

气候变化尤其是气温升高可使土壤中微生物活动加强，刺激微生物分解，从而增加土壤向大气的碳输出量。1961—2017 年三江源土壤呼吸碳排放量(RH)呈显著上升趋势，平均每 10 a 增加 2.4 gC/m^2(图 4.13b)。

1961—2017 年，植被 NPP 和土壤 RH 均呈显著上升趋势，但 NPP 上升幅度较大，导致植被净生态系统生产力(NEP)呈上升趋势，变化趋势与 NPP 基本相似，2005 年以来变化幅度减小且维持在较高值，2005 年前后两个时段相差 101.7 gC/m^2(图 4.13c)。

从空间变率分析，1961—2017 年三江源西北部的治多等地植被 NPP 增加明显，平均每 10 a 增加幅度在 2.9～4.5 gC/m^2，而在三江源东南部的河南等地，NPP 变化

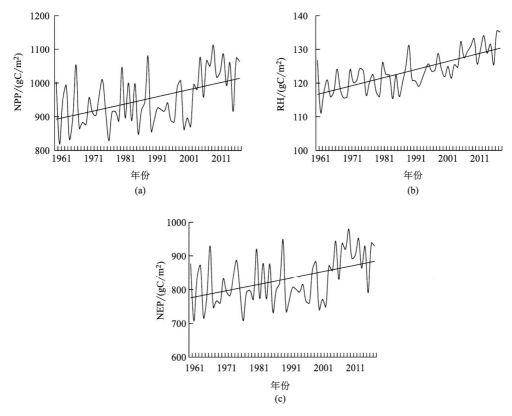

图 4.13 1961—2017 年 NPP(a)、RH(b)和 NEP(c)变化

幅度较小,平均每 10 a 变化幅度在 1.2 gC/m² 以内(图 4.14a)。三江源土壤 RH 全区变化幅度相差不大,大部分地区变化幅度在 0.22～0.30 gC/m² 之间(图 4.14b)。植被 NEP 各地变化特征与植被 NPP 变化趋势基本一致,在治多等地变化幅度较大,在 2.9～4.1 gC/m² 之间,在河南等地变化幅度较小,在 0～1.2 gC/m² 之间(图 4.14c)。

4.3.2 对湿地生态系统碳汇的影响

4.3.2.1 三江源地区沼泽湿地分布与时空变化特征

三江源地区沼泽湿地面积占全区总面积的 0.75%,主要分布于黄河源区,其面积约占沼泽湿地总面积的 62.44%;长江源区次之,约占沼泽湿地总面积的 35.43%;澜沧江源区沼泽湿地面积最小。

2000—2020 年三江源地区湿地面积总体呈上升趋势,期间共增加 790.28 km²,年均增加率为 2.84%,其中 2000—2010 年湿地面积增加明显,增加量为 599.41 km²,2010—2020 年增加趋势变缓,湿地面积增加量为 190.87 km²(表 4.2)。

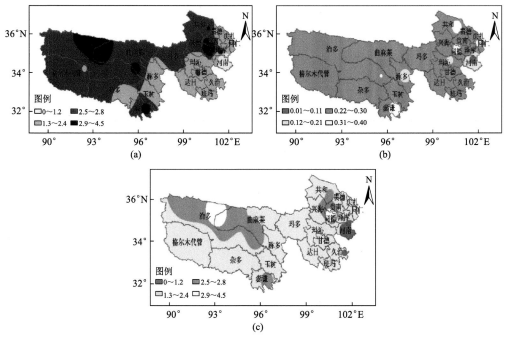

图 4.14　1961—2017 年 NPP(a)、RH(b) 和 NEP(c) 空间变率分布

（单位：gC/(m² · 10 a)）

2000—2020 年间，黄河源区沼泽湿地面积增加明显，21 a 来增加 415.60 km²，年均增长率为 2.21%；长江源区沼泽湿地面积增加 374.68 km²，年均增长率达到 4.39%（表 4.2）。

表 4.2　2000—2020 年间三江源地区沼泽湿地面积增加量　　　单位：km²

地区	2000—2010 年	2010—2020 年	2000—2020 年
三江源全区	599.41	190.87	790.28
黄河源区	313.37	102.23	415.60
长江源区	286.04	88.64	374.68

4.3.2.2　三江源地区沼泽湿地生态系统碳储量空间分布及变化特征

沼泽湿地土壤碳储量为 35.40×10⁶ t(以碳(C)计，下同)，碳密度为 24.38 kg/m²。从土壤碳储量空间分布来看，黄河源区土壤碳储量总体大于长江源区，但土壤碳储量最高值却出现在长江源区东南部地区，次高值区集中于黄河源区东部地区，低值区主要位于长江源区西部大部分地区（图 4.15）。由于该地区受人类活动的影响较小，土壤理化性质较为稳定，近 20 多年来该区域土壤碳储量无显著变化。

从空间分布来看，黄河源区东部植被碳储量最高，黄河源区西部地区植被碳储量次高；长江源区大部分地区植被碳储量较低（图 4.16a）。2000—2020 年，植被碳储量

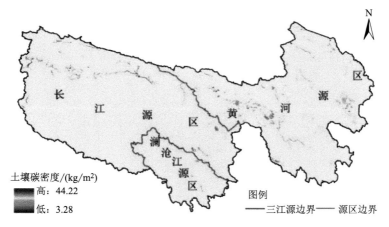

图 4.15　2000—2020 年三江源地区沼泽湿地土壤碳储量分布

平均值为 0.45×10^6 t,碳密度平均值为 0.31 kg/m²,均呈明显的逐年增加趋势,平均每 10 a 增加 0.13×10^6 t(图 4.16b)。

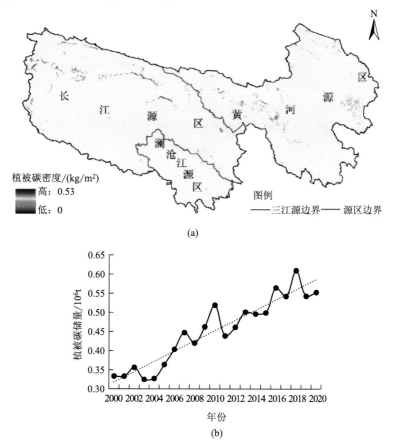

图 4.16　2000—2020 年三江源地区沼泽湿地植被碳储量空间分布(a)、多年变化(b)

三江源地区沼泽湿地总碳储量多年平均值为 3586 万，平均碳密度为 24.69 kg/m²，其中土壤碳储量远大于植被碳储量。从总碳储量的空间分布来看，黄河源区大部、长江源区东南部沼泽湿地碳储量较高，长江源区西北部碳储量较低（图 4.17）。

图 4.17 2000—2020 年三江源地区沼泽湿地总碳储量空间分布

2000—2020 年，三江源地区沼泽湿地总碳储量呈波动增加趋势，平均每 10 a 增加 13 万，其中 2000—2005 年变化趋势不明显，2005 年以后呈明显增加趋势，2018 年总碳储量最大，为 3601 万。可以看出，随着生态环境保护工程的实施，该地区生态环境逐步好转，沼泽湿地碳汇能力不断增强（图 4.18a）。

三江源各地沼泽湿地总碳储量变化趋势有所不同，其中治多县和唐古拉乡西北部、曲麻莱县北部沼泽湿地总碳储量略有减小，其他地区呈增加趋势，尤其是黄河源区沼泽湿地总碳储量增加趋势最明显。长江源区大部分地区变化趋势不明显，总碳储量呈稳定态势（图 4.18b）。

4.3.2.3 气温升高、降水增多，有利于沼泽湿地碳储量增加

2000—2020 年三江源地区年平均气温为 1.74 ℃，呈显著上升趋势，升温率为每 10 a 增加 0.39 ℃（图 4.19a）。其中，黄河源区气温平均每 10 a 升高 0.40 ℃，长江源区气温平均每 10 a 升高 0.38 ℃。

近 21 a，三江源地区年平均降水量为 481.1 mm，总体呈增多趋势，平均每 10 a 增多 54.9 mm（图 4.19b）。其中，黄河源区降水增多最为明显，平均每 10 a 增多 70.3 mm，而长江源区增长率较小，平均每 10 a 增多 34.7 mm。

可以看出，近年来随着气温升高，降水增多，沼泽湿地面积不断扩大，同时气候条件有利于植被生长发育，促进植被光合作用，提高植被生产力，进而增加植物固碳量，使沼泽湿地固碳能力不断增强。

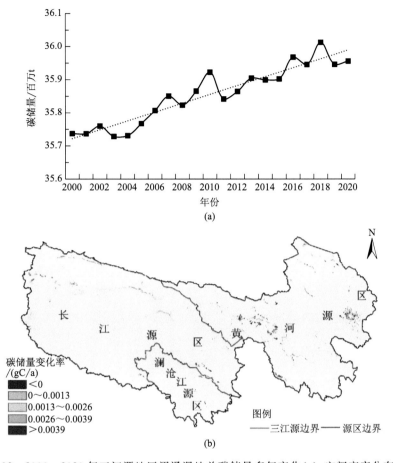

图 4.18　2000—2020 年三江源地区沼泽湿地总碳储量多年变化（a）、空间变率分布（b）

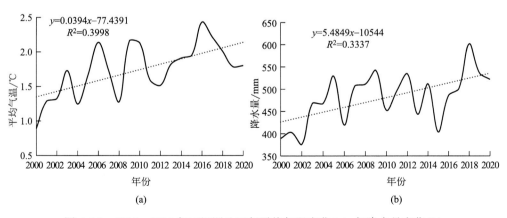

图 4.19　2000—2020 年三江源地区年平均气温变化（a）、年降水量变化（b）

4.3.2.4 对策与建议

三江源地区沼泽湿地生态系统碳储量总体呈增加趋势,是该区域生态环境持续向好的表征之一。为今后持续发挥三江源地区沼泽湿地生态系统的固碳功能,减缓气候变化,更大程度上吸收人类活动排放的二氧化碳,建议做好以下工作。

① 禁止过度放牧、无序旅游等人为干扰对湿地资源的影响,加大力度,持续维护该区域湿地的水环境和湿地生物多样性,保持生物量与含水率的稳定,以确保三江源地区沼泽湿地的碳汇功能。

② 建立区域碳储量数据库,开展湿地生态系统碳储量等服务价值评估,并将碳储量的空间分布特征应用到湿地资源的规划利用中,促进湿地生态系统固碳作用的科学量化管理。

③ 充分发挥各级政府的公共服务职能,做好生态保护和经济发展规划,在规划中要特别注重湿地的保护。此外,建立生态保护和补偿法律条文,明确生态建设奖励机制和相应处罚措施。

4.3.3 对生态系统固碳量的影响

4.3.3.1 生态系统固碳量空间分布

2001—2022 年三江源区植被生态系统平均固碳量为 120.51 gC/(m² · a),空间上呈由东南向西北递减趋势。区域内碳汇区面积约为 42.05 万 km²,占总面积的85.26%,年平均固碳量为 160.01 gC/(m² · a);碳源区面积约为 7.26 万 km²,占总面积的 14.74%,年平均碳排放量为 39.50 gC/(m² · a)。总体上,三江源区是明显的碳汇区,具有非常重要的碳吸收功能(图 4.20)。

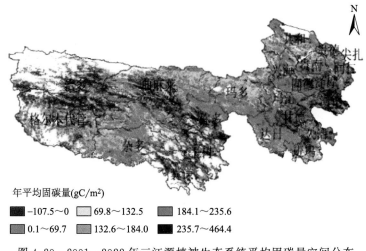

年平均固碳量(gC/m²)
- −107.5～0
- 0.1～69.7
- 69.8～132.5
- 132.6～184.0
- 184.1～235.6
- 235.7～464.4

图 4.20 2001—2022 年三江源植被生态系统平均固碳量空间分布

4.3.3.2 生态系统固碳量稳定性分布

利用变异系数反映植被生态系统固碳能力稳定性的大小。可以看出,三江源植被生态系统固碳能力稳定性总体较高,呈现从西北向东南逐渐增强的趋势,久治、班玛等地固碳能力稳定性较强,而五道梁、沱沱河等半荒漠、荒漠生态区生态环境极其脆弱,固碳能力稳定性较差(图 4.21)。

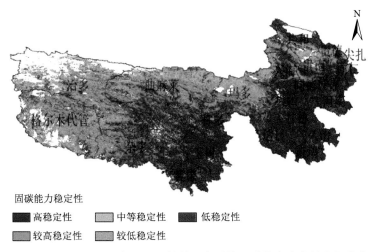

固碳能力稳定性

■ 高稳定性 ■ 中等稳定性 ■ 低稳定性
■ 较高稳定性 ■ 较低稳定性

图 4.21 2001—2022 年三江源植被生态系统固碳能力稳定性空间分布

4.3.3.3 生态系统固碳量变化特征

2001 年以来,三江源区植被固碳量呈上升趋势,每 10 a 增加 10.63 gC/m^2,年际间变化较大,其中 2021 年最大为 146.91 $gC/(m^2 \cdot a)$,2004 年最小为 115.05 $gC/(m^2 \cdot a)$(图 4.22a)。兴海、贵南、玛多、治多等地植被生态系统固碳量增加明显,而杂多、曲麻莱等地区固碳量呈减小趋势(图 4.22b)。

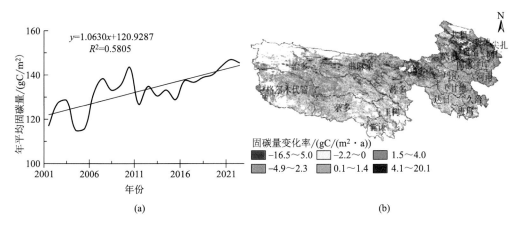

(a)   (b)

图 4.22 2001—2022 年三江源植被生态系统固碳量变化(a)、固碳量变化率空间分布(b)

近22 a来,三江源碳汇区和碳源区面积占比平均约为85.4%和14.6%。碳汇区面积明显增加,而碳源区面积明显减小,尤其是2010年以来变化趋势明显(图4.23a、b)。可以看出,近年来受气候暖湿化、生态保护工程实施等影响,三江源植被覆盖度、生产力明显提高,碳吸收能力逐步增加,碳汇功能显著增强。

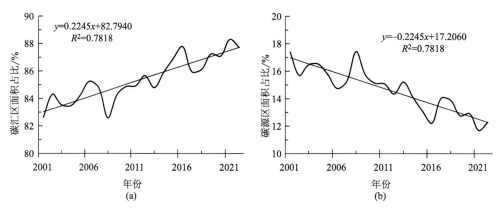

图4.23 2001—2022年三江源碳汇区面积占比(a)、碳源区面积占比(b)变化

4.3.3.4 未来气候变化对植被生态系统固碳量的影响

未来SSP1-2.6、SSP2-4.5和SSP5-8.5三种排放情景下,2021—2060年三江源区年平均气温均呈升高趋势,升温率分别为0.28 ℃/10 a、0.33 ℃/10 a和0.55 ℃/10 a。与历史时期(1981—2015年平均值)相比,低、中、高排放情景下,21世纪40年代和21世纪60年代三江源年平均气温分别升高0.55~1.11 ℃和0.93~2.19 ℃(图4.24a)。

未来年降水量变化趋势不明显,呈略微增多趋势,与历史时期相比,SSP1-2.6、SSP2-4.5和SSP5-8.5三种排放情景下,至21世纪40年代降水量增加2.3%~7.1%,至21世纪60年代降水量增加5.3%~7.6%(图4.24b)。

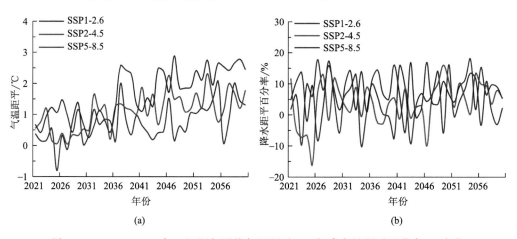

图4.24 2021—2060年三江源年平均气温距平(a)、年降水量距平百分率(b)变化

表 4.3　不同排放情景下气温和降水变化预估

时段	气温距平/℃			降水距平百分率/%		
	SSP1-2.6	SSP2-4.5	SSP5-8.5	SSP1-2.6	SSP2-4.5	SSP5-8.5
21 世纪 40 年代	0.55	0.76	1.11	4.7	2.3	7.1
21 世纪 60 年代	0.93	1.48	2.19	5.3	5.7	7.6

与参考时段相比(1986—2005 年平均)，全球 1.5 ℃ 温升情景下，三江源区植被生态系统固碳量整体呈增加趋势，全区平均增加 10% 左右，果洛的久治、班玛、玉树等地增加明显，区域总体碳汇能力较强，面临风险较低(图 4.25a)，表明在一定的增温范围内，气候条件有利于提升三江源区草地碳汇能力。但随着温度的进一步升高，可能会对三江源区的高寒生境产生影响，从而导致植被生态系统固碳能力有所减弱，全球 2.0 ℃ 温升情景下，三江源区东部植被固碳量减少明显，存在一定的风险，但三江源西部固碳能力略有增强(图 4.25b)。

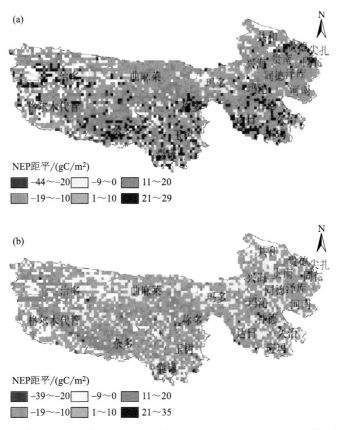

图 4.25　全球温升 1.5 ℃(a)和 2.0 ℃(b)情景下三江源植被生态系统固碳量距平空间分布

4.3.4 对碳通量的影响

4.3.4.1 资料与方法

（1）研究区

试验地位于中国气象局青海高寒生态气象野外科学试验基地大武试验站（简称玛沁站）和沱沱河试验站（简称沱沱河站）（图4.26）。玛沁站位于青海省果洛州玛沁县大武镇，该站始建于2016年，海拔3759 m，位于100°12′E，34°29′N，下垫面植被类型为典型的高寒草甸生态系统。样地植物群落建群种为矮嵩草（*Kobresia humilis*），主要伴生种有小嵩草（*Kobresia pygmaea*）、早熟禾（*Poa annua*）、细叶亚菊（*Aj ani-atenui folic*），样地土壤类型以高山草甸土（*Alpine meadow soil*）和高山灌丛草甸土（*Alpine shrubby meadow soil*）为主（权晨 等，2016）。玛沁年平均气温为－3.8～3.5 ℃，年均降水量为423～565 mm。沱沱河站位于青海省格尔木市唐古拉山镇附近，下垫面植被类型为典型的高寒荒漠化草原生态系统。该站始建于2018年，海拔4533 m，位于92°26′E，34°13′N。下垫面植被类型为高寒荒漠，主要牧草种类有高山嵩草（*Kobresia pygmaea*）、矮嵩草（*K. humilis*）、苔草（*Carex tristachya*），样地土壤类型为高山草甸土为主。年平均气温－2.50 ℃，年平均降水量367.59 mm，年平均日照时数为2967.9 h，年大风日数在117～154 d。

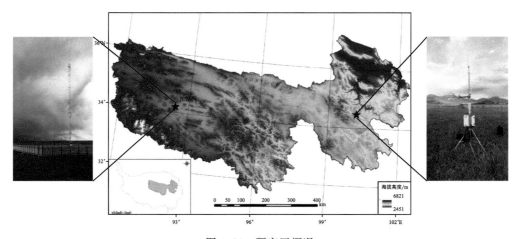

图4.26 研究区概况

（2）研究方法

观测数据：玛沁站和沱沱河站的涡度相关系统始建于2017年，玛沁站涡动协方差塔高为2.0 m，沱沱河站为3.28 m。在每个塔上，安装了一台三维超声风速仪（CSAT-3，美国坎贝尔科学公司）和一台开放式红外二氧化碳和水汽分析仪（Li-7500A，美国利科公司），用于测量10 Hz下的三维风速和二氧化碳和水汽浓度。为了处理原始数据集，在使用开源软件EddyPro6.0去除峰值、二维坐标旋转、时间滞后补偿和密度波动校正（Li et al.，2021）后，计算半小时平均 NEE（净生态系统 CO_2 交换量）和 ET（蒸散发）。观测项目还包括微气象观测，微气象观测系统具体观测项目包括气压、四分量辐射（1.5 m）、光合有效辐射（1.5 m）、风速（2 m）、空气温湿度（2 m）、土壤温湿（0.1 m）、土壤热通量（8 cm/10 cm）；其供电和数据采集的配件参数分别为：配置一块 80 W 太阳能板（沱沱河三块），1 块 100 Ah 的胶体电池和一块 CR3000 数采（沱沱河一块 CR6 数采）。

数据处理：在通量观测过程中，由于仪器故障、天气状况、大气稳定度和供电系统故障等因素，会产生数据缺失，据统计，在欧洲通量网和美洲通量网的观测中，NEE 数据具有较高的缺失比率，一年中有 17%～50% 的观测数据会缺失和被剔除（Moffat et al.，2007；Eva F et al.，2001；Desai et al.，2008），给通量塔数据的应用带来困难，因此，如何建立有效合理的数据插补方法来形成完整和可靠的碳通量数据集成为当前函待解决的问题。利用 R 语言中开发的 REddyProc 包进行数据插补，插补方法包括四部分：第一，NEE 异常值监测和剔除（MAD 算法）；第二，计算夜间摩擦风速阈值。当夜间大气湍流运动较弱时，摩擦风速降低，涡动相关系统测量 NEE 会出现低估的现象（Moffat et al.，2007；Desai et al.，2008；刘敏 等，2010；黄昆 等，2013）。为避免夜间 NEE 数据出现系统性偏差（Papale et al.，2006），通常需要判断出摩擦风速阈值，从而剔除低于摩擦风速阈值的 NEE。第三，插补 NEE。筛选出的具有时间序列缺口的通量数据以及缺失数据需要利用现有的通量数据和气象测量数据进行插补，从而得到完整的时间序列下的通量值；第四，根据总初级生产力（GPP）、生态系统呼吸作用（Re）和 NEE 三者关系进行通量划分（Reichstein et al.，2005），即 NEE ＝ Re － GPP。夜间 NEE 数据拆分方法是假设 Re 只与温度变化有关，且夜间植被只进行呼吸作用，因此，可以通过夜间 NEE 对温度的响应变化曲线推出白天植被的 Re 变化，最后根据以上关系式求出 GPP。白天 NEE 数据拆分方法是将白天 NEE 和总辐射的关系假设为 Rg 和 VPD 对 GPP 的影响以及温度对 Re 的影响的综合。这些总通量对于理解陆-气相互作用至关重要。

统计分析：玛沁站和沱沱河站研究数据选取 2019 年 3—8 月的涡度相关系统所观测的原始数据（其他观测时段缺测），数据质量等级选取 qc＝0 和 qc＝1（qc 为 0 表示数据质量最高，1 为一般，2 为较差）。NEE 观测数据缺失状况如表 4.4 所示，2019 年数据平均缺失率为 17%。其中，6 月缺失情况最严重（27%），其次为 5 月和 9 月（27%），3 月缺失率最低（7%）。

REddyProc 算法中使用风速（WS，m/s）、总辐射（Rg，W/m）、水汽压饱和差（VPD，hPa）、空气温度（Tair，℃）和相对湿度（RH，%）进行 NEE 滤除、插补和拆分，再合 WS、Rg、Tair、净辐射（Rn，W/m²）、土壤温度（soil_T，℃）、土壤含水率（Soil_VWC，%）、土壤热通量（Soil_G，W/m²）、RH、蒸散发（ET，mm）等气象因子，分析净生态系统 CO_2 交换量对环境驱动因子的敏感性，这对于解释陆气相互作用和改进地球系统模型具有重要意义。

表 4.4　研究区 NEE 观测数据缺失统计表　　　　　　　　　　　％

站名	0 级占比	1 级占比	2 级占比	缺失值占比
玛沁	26.23	41.63	19.69	12.45
沱沱河	50.41	26.74	16.18	6.67

选用决定系数 R^2、均方根误差 RMSE、绝对平均误差 MAE 评价 REddyProc 算法插补精度,以及模拟值与观测值之间的相关性与离散程度,两站的具体参数如表 4.5 所示。

表 4.5　REddyProc 算法插补精度

站名	Pearson	R^2	RMSE	MAE
玛沁	0.82	0.66	4.54	1.29
沱沱河	0.75	0.55	0.83	3.43

注:Pearson:皮尔逊相关系数;R^2:决定系数;RMSE:均方根误差;MAE:平均绝对误差。

4.3.4.2　结果与分析

(1) NEE 不同时间尺度变化特征

NEE 月交换特征:玛沁站和沱沱河站月 NEE 如图 4.27 所示,玛沁站在 6—7 月以净吸收为主,表现为碳汇,7 月净吸收达到最大,为 $-2.06\ \mu mol/(s \cdot m^2)$。在 3 月、4 月、5 月、8 月以排放为主,表现为碳源,4 月排放速率达到最大,为 $0.34\ \mu mol/(s \cdot m^2)$;沱沱河站在 3—8 月都以净吸收为主,表现为碳汇,3 月净吸收达到最大,为 $-0.58\ \mu mol/(s \cdot m^2)$。图 2.2 展示了两站的 NEE 月变化特征,随着年内植被结构的发展,碳吸收量增加,直到生长季中期达到最大值。

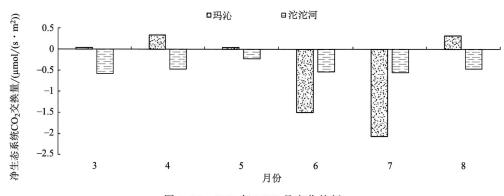

图 4.27　2019 年 NEE 月变化特征

NEE 日交换特征:玛沁站和沱沱河站日 NEE 如图 4.28 所示,玛沁站日平均 NEE 为 $-0.55\ \mu mol/(s \cdot m^2)$,日吸收峰值为 $-4.06\ \mu mol/(s \cdot m^2)$,出现在 7 月 9 日,日排放峰值为 $4.35\ \mu mol/(s \cdot m^2)$,出现在 8 月 23 日;沱沱河站日平均 NEE 为

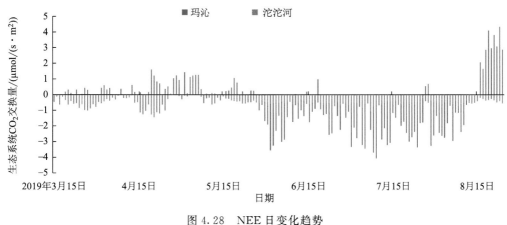

图 4.28　NEE 日变化趋势

$-0.46~\mu mol/(s \cdot m^2)$，日吸收峰值为 $-1.44~\mu mol/(s \cdot m^2)$，出现在 4 月 20 日，日排放峰值为 $0.20~\mu mol/(s \cdot m^2)$，出现在 4 月 8 日。

NEE 小时交换特征：由于月尺度的 NEE 变化存在显著差异性，因此，分析每月的小时平均 NEE 变化来表征 NEE 在一天中的变化特征（图 4.29）。玛沁站吸收峰值为 $-8.44~\mu mol/(s \cdot m^2)$，出现在 11:00—12:00 之间，排放峰值为 $5.02~\mu mol/(s \cdot m^2)$，出现在 21:00—23:00 之间；沱沱河站吸收峰值为 $-1.63~\mu mol/(s \cdot m^2)$，出现在 13:00—14:00 之间，排放峰值为 $2.40~\mu mol/(s \cdot m^2)$，出现在 22:00 左右。图 4 看出，高寒草甸和高寒荒漠草原 3 月、4 月的 NEE 的日变化范围相近，5 月、6 月、7 月、8 月 NEE 的日变化范围差异性明显，玛沁站白天表现为强碳汇，有着较好的日固碳能力，沱沱河站 NEE 的日波动浮动较为平缓，白天表现为弱碳汇。

累计 NEE：日尺度上，2019 年玛沁站和沱沱河站日平均 NEE 分别为 $-0.57~gC/m^2$ 和 $-0.48~gC/m^2$。月尺度上，2019 年玛沁站和沱沱河站月平均 NEE 分别为 $-14.64~gC/m^2$ 和 $-14.59~gC/m^2$。年际尺度上，2019 年玛沁站 3—8 月累积 NEE 为 $-79.50~gC/m^2$，相比之下，沱沱河站的累积 NEE 为 $-79.24~gC/m^2$。

（2）环境变化对 NEE 的影响及其机制

环境变量的动态变化特征：净生态系统 CO_2 交换量因为环境、水文、土壤、植被类型等诸多因素表现出不同的日变化、季节变化规律，进而表现出不同的碳收支情况，研究不同下垫面生态系统地气间的 CO_2 交换特征，首先需要分析研究区域的气象、水文因子的变化特征。图 4.30 展示了玛沁高寒草甸和沱沱河高寒荒漠草原生态系统的 ET、Soil_VWC、Soil_T、Rg、WS、RH、Tair 等气象要素的变化特征。可以发现，两个生态系统下，各气象因子变化量不同，尤其 Soil_VWC、Rg 表现出了非常大的差别。玛沁 3—8 月 Soil_VWC 变化幅度为 13.01%～32.99%，平均 Soil_VWC 为 27.44%，沱沱河 3—8 月 Soil_VWC 变化幅度为 0.15%～0.39%，平均 Soil_VWC 为 0.26%，相差量达到两个数量级；玛沁 3—8 月 Rg 变化幅度为 60.63～387.91 W/m^2，

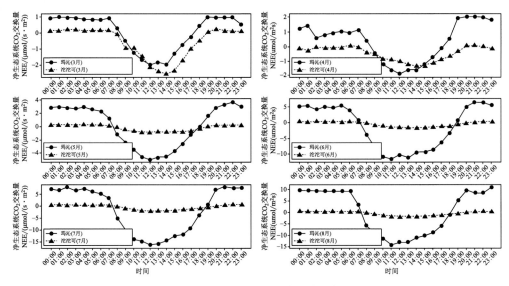

图 4.29　NEE 小时平均变化趋势

平均 Rg 为 242.47 W/m²，沱沱河 3—8 月 Rg 变化幅度为 20.62～263.34 W/m²，平均 Rg 为 68.62 W/m²，平均辐射相差量达到近 4 倍。

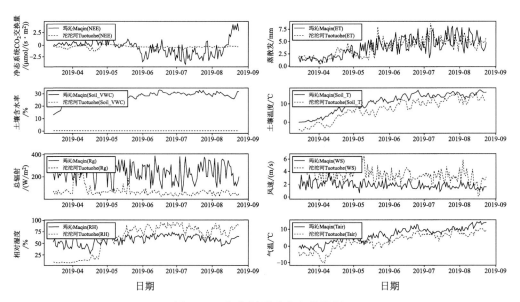

图 4.30　气象因子动态变化特征

　　环境因子重要性分析：机器学习算法—随机森林（Random Forest，RF）具有很强的抗噪声能力和很高的抗过拟合和欠拟合能力，可以处理大量混合型数据，并提供评估可变重要性分数的方法,确定日尺度和月尺度下环境变量中 NEE 的主要驱动因素(ET,Soil_VWC,Soil_T,Rg,WS,RH,Tair)。

图 4.31 可以看出,小时尺度上 Rg 是高寒草甸 NEE 变化的主要控制因子,ET 是高寒荒漠草原 NEE 变化的主要控制因子;日尺度上 Soil_VWC 是高寒草甸 NEE 变化的主要控制因子,WS 是高寒荒漠草原 NEE 变化的主要控制因子。不难发现,对于玛沁,不论是小时尺度还是日尺度,气象因子 Soil_VWC、Soil_T、Rg 对 NEE 的重要性较高;对于沱沱河,气象因子 ET、RH、Rg 对 NEE 的重要性较高,说明太阳辐射是植物进行光合作用的前提条件。另外发现,NEE 对 Soil_T 的敏感性高于对 Tair 的敏感性,这一发现的原因也许是生态系统环境差异造成 Soil_T 对 NEE 的生物物理调控作用大于 Tair 对 NEE 的生物物理调控作用。

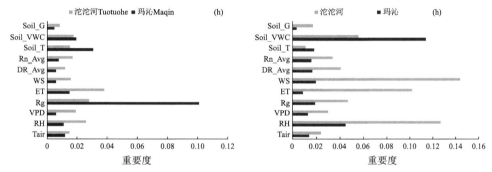

图 4.31 影响 NEE 的气象因子重要性排序

Soil_G:土壤热通量;Rn_Avg:净辐射;DR_Avg:入射短波辐射;VPD:水汽压饱和差

针对小时值和日值的气象因子重要度排序有所不同,为进一步分析环境因子对 NEE 的影响,选取了 11 个环境变量绘制了相关系数矩阵热力图,如图 4.32 所示。

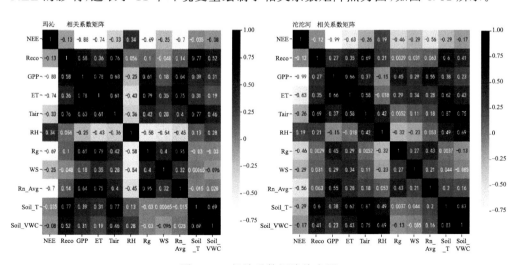

图 4.32 相关系数矩阵热力图

　　相比两个生态系统,沱沱河 WS、Soil_T、Soil_VWC 与 NEE 的相关性高于玛沁,考虑到是由于高寒草甸下垫面水分相比高寒荒漠草原充足,从而导致草甸净生态系统 CO_2 交换量对土壤水分和土壤温度的敏感性低于荒漠草原。

　　高原地区水分条件控制碳收支变化:为明晰 NEE 与气象因子的动态变化过程,以及水分条件是否成为高寒草甸和高寒荒漠草原碳和水收支变化的最重要因素,结合图 4.31 和图 4.32 选取气象因子 ET、Soil_VWC、Soil_T、Rg、WS、RH 与 NEE 绘制日尺度的变化特征,如图 4.33~4.34 所示。

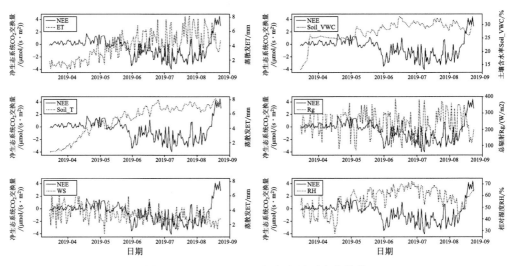

图 4.33　玛沁日 NEE 与气象因子变化趋势

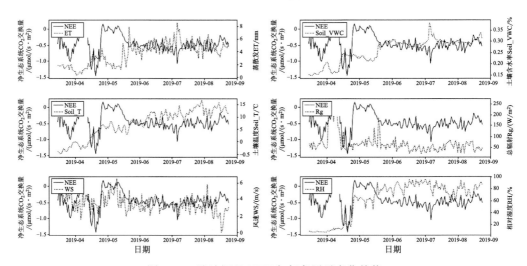

图 4.34　沱沱河日 NEE 与气象因子变化趋势

　　从图 4.33~4.34 可以看出,净生态系统呼吸(NEE)的净吸收或排放与 ET 和

Soil_VWC 呈较高相关关系,NEE 在 5—6 月期间迅速下降(朝向更高的 CO_2 吸收),然后随着 ET 和 Soil_VWC 的增加趋于稳定。ET 和 Soil_VWC 在 7 月左右达到最大值,而此时的 NEE 为最大负值,即达到吸收峰值,当 NEE 为正值,表现为碳排放时,ET 和 Soil_VWC 下降至最低,下降幅度与碳排放速率升高幅度相近。在一定范围内,风速减小,NEE 从碳排放向碳吸收转变,吸收速率随着风速减小幅度的增大而增大;辐射越低,NEE 越容易转变为碳排放,排放速率也随着辐射减小幅度的增大而增大。总体来看,蒸散发的变化趋势与 NEE 的趋势最为相关,这是因为,植物通过气孔调节水分、能量和碳与大气的交换。这些通量的气孔调节依赖于有效能量、蒸腾需求以及根区的有效土壤水分。当可利用能量和水分都比较充足时,气孔开放,水和碳可以自由进出;气孔对地表通量的控制作用较低。当可利用能量较高但土壤水分有限时,气孔趋于关闭,对水分和碳通量施加较大的控制,这也说明了,碳交换量在水分相对充足的玛沁地区比水分有限的沱沱河地区更高的原因。

可以看出,两个生态系统下,Soil_VWC 和 Rg 表现出了非常大的差别,玛沁平均土壤含水率是沱沱河平均土壤含水率的 106 倍,玛沁平均辐射是沱沱河平均辐射的 4 倍。由于 Soil_VWC 和 Rg 表现出不同的变化特征,导致不同下垫面生态系统地气间的 CO_2 交换特征差异明显,在一定范围内,Rg 的增大有导致 NEE 呼吸作用增大的趋势,然而超过一定阈值后,NEE 呼吸作用有减少的趋势,说明 Rg 可以增强呼吸作用,而当 Rg 超过一定范围时,在高光强或水分匮缺的条件下,植被气孔导度迅速减小,光合作用或呼吸作用受到抑制。

ET、Soil_VWC 成为驱动 NEE 的控制因子,是因为温度和水分影响植物生理过程的酶活性(陈梓涵,2020),进而影响生态系统的光合作用,这与 Hongqin Li 对水分条件(大气水汽和土壤水分)是控制高山草原碳和水收支空间变化的最重要因素的研究结论一致。因为在水分有限的生态系统中,ET 是植被水分可用性的综合度量标准(Biederman J A et al.,2017;Scott R L et al.,2021),因为植被从深根或侧根获取水分的能力因下垫面和生态系统的不同而不同。因此,ET 解释了水分输入的变化,以及影响能量平衡的植物气孔调节和其他植被特征的差异。再者,ET 是通过与 NEE 相同的仪器、相同的时间尺度、相同的通量足迹上进行测量的,可以更能反映 NEE 对环境变量的敏感性。由此我们分析了玛沁和沱沱河 NEE、ET、Soil_VWC 的变化趋势,如图 4.35 所示,NEE 和 ET 呈现出明显的季节变化,结合图 4.36,表明随着温度的升高,玛沁春季生态系统呼吸作用大于光合作用,NEE 稳定在较低水平,夏季生态系统光合作用高于呼吸作用。沱沱河在整个生长季生态系统光合作用大于呼吸作用,NEE 整体上表现为负值,生态系统为一个碳汇。

研究表明,半干旱生态系统可以调节陆地碳汇并控制其年际变化(Piao S L et al.,2019;Scott R L et al.,2015)。这种可变性主要是由于构成 NEE 的两个较大的生物源通量之间的不平衡造成的,即 CO_2 的光合吸收(GPP)和 CO_2 的呼吸释放(Re)。2019 年,玛沁和沱沱河日平均 GPP 分别是 6.25 gC/m^2 和 0.79 gC/m^2,日平均 Re 分别为

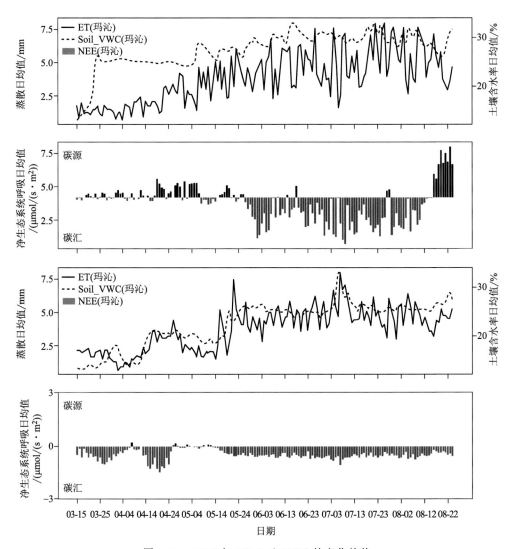

图 4.35　NEE 与 ET、Soil_VWC 的变化趋势

5.68 gC/m² 和 0.32 gC/m²；月平均 GPP 分别是 181.12 gC/m²，和 24.18 gC/m²，月平均 Re 分别为 166.48 gC/m² 和 9.59 gC/m²；3—8 月累积 GPP 是 984.05 gC/m² 和 131.36 gC/m²，累积 Re 分别为 904.55 gC/m² 和 52.12 gC/m²。在 REddyProc 中是根据土壤和空气温度计算 Re(Desai A R et al.，2008；Reichstein M et al.，2005；Lasslop G et al.，2010；Sulman B N et al.，2016；Keenan T F et al.，2019)，玛沁地区的物候模式表明，该地点可能在雨季成为碳汇，也可能在旱季成为碳源，因为一些主要物种在冬季和春季繁殖。从两站的 NEE、GPP、Re 的月变化特征看出，土壤和空气温度升高，植物根系的呼吸作用和土壤微生物的生命活动变得活跃，随着

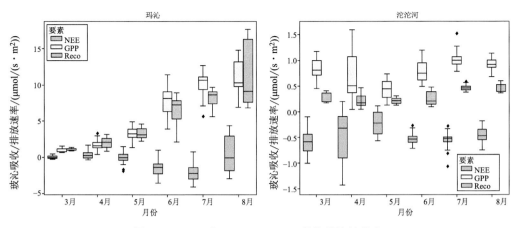

图 4.36 2019 年 NEE、GPP、Re 月均值统计分布

年内植被结构的发展,碳吸收量增加,直到生长季中期达到最大值。NEE 峰值出现在播种后约 2 个月(7 月),与植被生长峰值相对应。Re 和 NEE 都受到 GPP 的显著限制,高寒草甸 GPP 的 91% 对 Re 有贡献,9% 对 NEE 有贡献;高寒荒漠草原 GPP 的 40% 对 Re 有贡献,60% 对 NEE 有贡献。在日尺度上的回归分析表明,相比 Reco,GPP 对 NEE 贡献更大,如图 4.37 所示,高寒荒漠草原沱沱河 NEE 与 GPP 之间有显著相关性,说明高寒荒漠草原 GPP 对 NEE 的影响远大于高寒草甸 GPP 对 NEE 的影响。

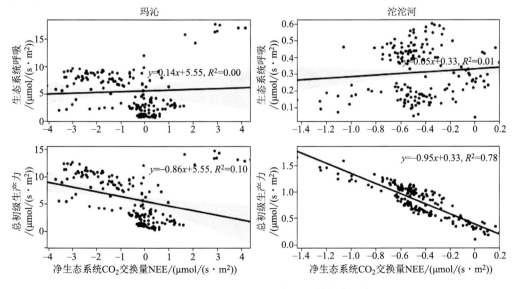

图 4.37 NEE、Reco、GPP 与 ET 的拟合程度

可以看出,ET 和 NEE 的交互过程较为同步,从图 4.38 表明,ET 与 GPP 的关系比 ET 与 Re 的关系更强,这是因为 ET 和 GPP 是陆地生态水文过程的重要组成

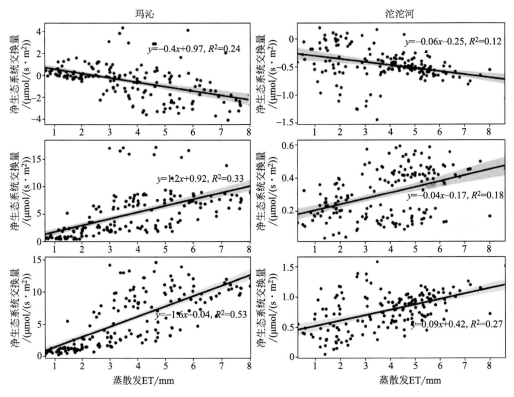

图 4.38　NEE、Reco、GPP 与 ET 的拟合程度

部分,受叶片气孔调节的影响下,通过蒸腾作用和光合作用密切耦合,从而在气候情景变化下表现出相似的响应特征。ET 对生态系统光合作用的驱动性大于对呼吸作用的驱动性,明确了 ET 对生态系统光合作用的重要性,表明水分条件是控制高寒草甸和高寒荒漠草原碳和水收支变化的最重要因素,因此,在青藏高原变暖或变干燥的气候背景下,固碳功能也会受到抑制。

4.3.4.3　讨论与结论

　　① 本研究结果表明,玛沁在 6—7 月以吸收为主,表现为碳汇。3 月、4 月、5 月、8月以排放为主,表现为碳源;日吸收峰值出现在 11:00—12:00 之间,日排放峰值出现在 21:00—23:00 之间;沱沱河在 3—8 月以吸收为主,表现为净碳汇,日吸收峰值出现在 13:00—14:00 之间,日排放峰值出现在 22:00 左右。NEE 峰值出现在返青后约 2 个月(7 月),与植被生长峰值相对应,这与朱志鹍、祝景彬及柴曦的研究结果一致。高寒草甸玛沁的日吸收峰值和日排放峰值都远高于高寒荒漠草原,可能原因是植被生长季雨水和热量的同步化和植物生长季的低温和降水使得气候寒冷潮湿。这种气候为高寒草甸生态系统提供了良好的光合条件和有利于碳同化的低有机物分解速率。

　　② 小时尺度上,玛沁地区气象因子对 NEE 的重要度大小为:Rg> Soil_T >

Soil_VWC＞ET＞Tair,沱沱河地区气象因子对 NEE 的重要度大小为:ET＞ Rg ＞
RH＞VPD＞Soil_VWC。日尺度上,玛沁地区气象因子对 NEE 的重要度大小为:
Soil_VWC ＞ RH ＞WS＞Rg＞ Soil_T,沱沱河地区气象因子对 NEE 的重要度大小
为:WS＞ RH ＞ET＞ Soil_VWC ＞Rg。Wu 等(2020)的研究表明,对于具有明显的
旱涝季节或年份的生态系统,碳和水通量的驱动因素往往在不同尺度和不同生长阶
段表现出明显的差异性。

生态系统碳和水循环受植物气孔导度的耦合和调控,而植物的呼吸作用和光合
作用的反馈机制表明 Re 和 NEE 都受到 GPP 的显著限制,本研究结果表明,玛沁高
寒草甸 GPP 的 91％对 Re 有贡献,9％对 NEE 有贡献;沱沱河高寒荒漠草原 GPP 的
40％对 Re 有贡献,60％对 NEE 有贡献。在日尺度上,相比 Re,GPP 对 NEE 贡献更
大,并且高寒荒漠草原 GPP 对 NEE 的影响远大于高寒草甸 GPP 对 NEE 的影响。
Yuyang Wang 等的研究结果指出,GPP 和 Re 对净碳吸收影响重要,尤其是在生长
季没有水分胁迫的情况下尤为重要,因为冻土融化和充足的降水为植被生长提供了
足够的水分。在非生长季节,低温会使植物枯萎,水分胁迫对 Reco 的影响不大。

温度和水分影响植物生理过程的酶活性,进而影响生态系统的光合作用。从本
研究的结果中可以看出,ET 和 NEE 的交互过程较为同步,但是 ET 对生态系统光合
作用的驱动性大于对呼吸作用的驱动性,进而明确了 ET 对生态系统光合作用的重
要性,表明水分条件是控制高寒草甸和高寒荒漠草原碳和水收支变化的最重要因素,
因此,在青藏高原变暖或干旱的气候背景下,固碳功能也会受到抑制。

③ 玛沁 3 月、4 月、5 月、8 月表现为弱碳源,理论上,高寒草甸生态系统在夏季应
该以碳吸收为主,表现为碳汇。究其原因可以概括如下:玛沁站址,是一个天然牧场,
但是,近两年有牧民在春、夏两季迁至附近放牧和短期过渡性居住。放牧导致的原生
覆盖物的移除造成草地退化,导致土壤肥力降低,进一步导致 GPP 下降,导致正碳平
衡,从而成为碳源。加之,人类呼吸和异氧呼吸作用加速了人为排放。在这些因素的
共同作用下,玛沁的碳动态变化呈现碳源的趋势。因此,人类活动加剧了气候变化的
影响和碳平衡的易感性,成为碳汇源变化的诱导因素。研究结果明晰了人类活动在
地-气间 CO_2 通量时空变化特征和碳汇源变化过程中扮演着重要角色,从而有助于
更好地了解碳通量的空间格局和环境控制。

④ 玛沁白天表现为强碳汇,有着较好的日固碳能力,沱沱河 NEE 的日波动浮动
较为平缓,白天表现为弱碳汇。不同尺度不同下垫面,气象因子对 NEE 的重要程度
不同,蒸散发和土壤含水率对 NEE 有着不可忽视的作用。总之,水分条件成为影响
净生态系统 CO_2 交换量的重要因子。但是,随着人类活动的影响,碳通量变化特征
产生变化,因此,人类活动与气候系统之间的相互作用需要立即关注和研究。

参考文献

陈梓涵,2020. 九段沙潮汐盐沼湿地 CO_2 通量及影响机制研究[D]. 上海:华东师范大学.

黄昆,王绍强,王辉民,等,2013. 中亚热带人工针叶林生态系统碳通量拆分差异分析[J]. 生态学报,33(17):5252-5265.

刘敏,何洪林,于贵瑞,等,2010. 数据处理方法不确定性对 CO_2 通量组分估算的影响[J]. 应用生态学报,21(9):2389-2396.

权晨,周秉荣,韩永翔,等,2016. 长江源区高寒退化湿地地表蒸散特征研究[J]. 冰川冻土,38(5):1249-1257.

周广胜,郑元润,陈四清,等,1998. 自然植被净第一性生产力模型及其应用[J]. 林业科学,34(5):3-11.

AUBINET M,VESALA T,PAPALE D,2012. Eddy Covariance[M]. Dordrecht:Springer Netherlands.

BIEDERMAN J A,SCOTT R L,BELL T W,et al,2017. CO_2 exchange and evapotranspiration across dryland ecosystems of southwestern North America[J]. Global Change Biology,23(10):4204-4221.

DESAI A R,RICHARDSON A D,MOFFAT A M,et al,2008. Cross-site evaluation of eddy covariance GPP and RE decomposition techniques[J]. Agricultural and Forest Meteorology,148(6/7):821-838.

EVA FALGE,DENNIS BALDOCCHI,RICHARD OLSON,et al,2001. Cap filling strategies for defensible annual sums of net ecosystem exchange[J]. Agricultural and Forest Meteorology,107(1):43-69.

KEENAN T F,MIGLIAVACCA M,PAPALE D,et al,2019. Widespread inhibition of daytime ecosystem respiration[J]. Nature Ecology and Evolution,3(3):407-415.

LASSLOP G,REICHSTEIN M,PAPALE D,et al,2010. Separation of net ecosystem exchange into assimilation and respiration using a light response curve approach:critical issues and global evaluation[J]. Global Change Biology,16(1):187-208.

LI H Q,WANG C Y,ZHANG F W,et al,2021. Atmospheric water vapor and soil moisture jointly determine the spatiotemporal variations of CO_2 fluxes and evapotranspiration across the Qinghai-Tibetan Plateau grasslands[J]. Science of the Total Environment,791:148379.

MALLICK K,TREBS I,BOEGH E,et al,2016. Canopy-scale biophysical controls of transpiration and evaporation in the Amazon Basin[J]. Hydrology and Earth System Sciences,20(10):4237-4264.

MOFFAT A M,PAPALE D,REICHSTEIN M,et al,2007. Comprehensive comparison of gap-filling techniques for eddy covariance net carbon fluxes[J]. Agricultural and Forest Meteorology,147(3/4):209-232.

PAPALE D,REICHSTEIN M,AUBINET M,et al,2006. Towards a standardized processing of Net Ecosystem Exchange measured with eddy covariance technique：algorithms and uncertainty estimation[J]. Biogeosciences,3(4)：571-583.

PIAO S L,LIU Q,CHEN A P,et al,2019. Plant phenology and global climate change：current progresses and challenges[J]. Global Change Biology,25(6)：1922-1940.

REICHSTEIN M,FALGE E,BALDOCCHI D,et al,2005. On the separation of net ecosystem exchange into assimilation and ecosystem respiration：review and improved algorithm[J]. Global Change Biology,11(9)：1424-1439.

SCOTT R L,BIEDERMAN J A,HAMERLYNCK E P,et al,2015. The carbon balance pivot point of southwestern US semiarid ecosystems：insights from the 21st century drought[J]. Journal of Geophysical Research：Biogeosciences,120(12)：2612-2624.

SCOTT R L,KNOWLES J F,NELSON J A,et al,2021. Water availability impacts on evapotranspiration partitioning[J]. Agricultural and Forest Meteorology,297：108251.

SULMAN B N,ROMAN D T,SCANLON T M,et al,2016. Comparing methods for partitioning a decade of carbon dioxide and water vapor fluxes in a temperate forest[J]. Agricultural and Forest Meteorology,226/227：229-245.

WU J K,WU H,DING Y J,et al,2020. Interannual and seasonal variations in carbon exchanges over an alpine meadow in the northeastern edge of the Qinghai-Tibet Plateau,China[J]. Plos One,15 (2)：e0228470.